食品安全出版工程
Food Safety Series

总主编 任筑山 蔡 威

食品安全文化

Food Safety Culture

【美】弗兰克·扬纳斯 著

岳 进 刘墨楠 刘娇月 译

上海交通大学出版社
SHANGHAI JIAO TONG UNIVERSITY PRESS

内容提要

本书主要介绍了如何通过构建食品安全文化来提高食品行业对食品安全的重视。书中从行为和文化的视角出发，阐述了改变人类行为对于大幅度降低全球食源性疾病负担的重要意义。全书图文并茂，文字深入浅出，具有很强的可读性和研究价值。

本书不但适合食品行业的专家学者，一般读者亦可从中获取许多知识，对食品安全文化有更为深入的了解。

（食品安全文化）

© Frank Yiannas

This translation of *Food Safety Culture* is published by arrangement with Springer Science + Business Media, LLC.

上海市版权局著作权合同登记章图字：09-2014-332

图书在版编目(CIP)数据

食品安全文化/(美)扬纳斯(Yiannas，F.)著；岳进，刘墨楠，刘娇月
译.—上海：上海交通大学出版社，2014(2016重印)
书名原文：Food safety culture
ISBN 978-7-313-11009-1

Ⅰ.①食… Ⅱ.①扬…②岳…③刘…④刘… Ⅲ.①食品安全—研究
Ⅳ.①TS201.6

中国版本图书馆 CIP 数据核字(2014)第 057419 号

食品安全文化

著　　者：[美]弗兰克·扬纳斯　　　　　　　译　　者：岳　进　刘墨楠　刘娇月
出版发行：上海交通大学出版社　　　　　　　地　　址：上海市番禺路 951 号
邮政编码：200030　　　　　　　　　　　　　电　　话：021-64071208
出 版 人：韩建民
印　　制：上海万卷印刷有限公司　　　　　　经　　销：全国新华书店
开　　本：710mm×1000mm　1/16　　　　　　印　　张：6.75
字　　数：97 千字
版　　次：2014 年 9 月第 1 版　　　　　　　　印　　次：2016 年 9 月第 2 次印刷
书　　号：ISBN 978-7-313-11009-1/TS
定　　价：48.00 元

食品安全出版工程

丛书编委会

总主编

任筑山　蔡　威

副总主编

周　培

执行主编

陆贻通　岳　进

编　委

孙宝国　李云飞　李亚宁

张大兵　张少辉　陈君石

赵艳云　黄耀文　潘迎捷

致　谢

　　这本书献给我的父母哈拉兰博斯（Haralambos）和黛西（Daisy），他们言传身教,培养了我良好的职业道德品质以及不断寻求更好方法的信念。

目 录

序　言

自从 2006 年担任上海交通大学陆伯勋食品安全研究中心顾问委员会主席以来，就对食品安全的书特别留意。四年前在加州科技大学图书馆看到英文版的《食品安全文化》一书，借回家看完以后又失望又惊讶。失望的是这不是一本写食品安全科学的书，惊讶的是这本书很特殊，是讨论如何在一个公司学校或者机构建立食品安全的文化，从而提高整个团体对食品安全的重视，是一本治本的书。

原作者是弗兰克·扬纳斯先生。他 2008 年加入全球超市巨头沃尔玛公司担任副总裁，负责公司全球的食品安全管理。在这之前他曾在迪斯奈公司担任食品安全经理 17 年之久，食品工业管理的经验十分丰富。他从食品工业管理人的角度来写这本书，倒也是很新鲜的，也很有参考价值。

我看完书后就想要找机会把这本书翻译为中文，给国内各界人士作参考。和国内许多人提及此事，也得到大多数人的认可和同意，可是一直没有人领头做这件事。正好陆伯勋食品安全中心有意要出版一系列关于食品安全的书籍，计划中也包含把国外食品安全的书籍翻译成中文版。我的建议被中心采纳，这本书就成为"食品安全出版工程"的第一本译著了。

正巧去年 11 月我在一个国际食品安全会议上遇到原作者扬纳斯先生，我提及陆伯勋食品安全中心想把他的书翻译为中文版，并提及国内出版书籍经济上的困难。他知道这个消息非常高兴，并立即表示他不但愿意授予作者的版权，并且愿意协助捐款让这本书的中文版可以尽早出版。

这本书在极短的时间内可以完成翻译和出版，除了感谢翻译者之外，陆伯勋安全中心和上海交通大学出版社的负责人和同仁，都全力支持，在此特别致谢意。

最后我预祝"食品安全出版工程"今后一系列的书可以顺利出版，广泛发行，可以对中国全国的食品安全产生一定的影响力，为民生福利有所助益。

2014 年 3 月 29 日于拉斯维加斯

前　言

　　人们常说,我们知道的或相信的,对结果并无太大影响。重要的是我们怎么做。对食品安全而言,这个观点毫无疑问也是正确的。

　　我决定写这本书的原因很简单。我希望自己能在 20 年前(刚开始从事食品安全工作的时候)就知道现在所知道的知识。我在这本书中要分享的概念并不是通常的食品科学课程中所传授的,也不是通常在食品安全研讨会或者食品安全会议中所听到的内容。据我所知,食品安全文献中并没有多少内容是关于这个主题的。

　　本书中讨论的概念比较简单,很多是关于人类行为的古老法则。其他一些内容是通过对人类行为、团队动力和组织文化的发展研究得出的较新的概念。很多观点看似简单,但是力量无穷。事实上,我获得的关于这本书最普遍的好评是:书中的道理都很简单,但是却很少有人把这些道理以这种方式总结在一起,也很少有人运用这些观点来改进食品安全行为。

　　在当今的食品安全领域,有许多关于特定微生物,时间、温度处理,后处理污染和HACCP 等方面的书籍——我们通常称之为自然科学。相对而言,关于人类行为和文化这类"软科学"的探讨和书籍则比较少。

　　然而,纵观过去几十年的食源性疾病发展趋势,我很清楚地认识到软科学也同样是硬科学。除非我们能够更好地影响和改变人类行为(软科学),否则我们不可能大幅减少全球食源性疾病的负担,尤其是在某些国家和地区以及某些食品体系中。

　　尽管全球数以千计的食品行业员工已经进行了食品安全培训,数百万资金用于食品安全研究,国内外也已经进行了无数次的检验和测试,但是食品安全问题仍然是公共卫生的巨大挑战。这是为什么呢? 这个问题的答案让我想起了埃利奥特(Elliot M. Estes)的一句话,他说:"如果一件事已经以一种特定的方式进行了 15 或者 20 年,恰恰很好地说明过去所采用的方式是不正确的"。为了改善食品安全,我们必须认识到,这不只是食品科学,也是一种行为科学。

　　试想,如果您希望提高一个组织、行业或者某地区的食品安全水平,您真正要做的是改变人们的行为。简而言之,食品安全相当于一种行为。这是本书的基本出发点。

在您读这本书之前,我想跟您分享哪些是这本书的目的,哪些不是。

目的:

- 基于行为研究的食品安全的入门教材
- 基于行为研究的食品安全管理体系中关键概念的快速实用参考指南
- 主要读者群为食品安全专业人士

非目的:

- 一本高技术性参考手册
- 一本循序渐进的指导手册
- 对行为科学或者基于行为的食品安全科学感兴趣的读者的唯一参考

本书旨在为读者提供在食品安全领域还没有被彻底地评价、研究和讨论的新想法和新概念。希望通过阅读本书,您可以获得一些新的启发、创意或者方法,能够帮助您所在的企业或者负责的领域进一步提高食品安全水平。作为食品安全方面的专家,我们可以共同分享和相互学习,打造一个与众不同的、先进的食品安全环境,提高世界各地消费者的生活质量。

如您有任何问题或者建议,欢迎不吝赐教。您可以给我写邮件,地址为 foodsafetyculture@msn.com。感谢您的阅读!

回顾过去，塑造未来

未经诊断就下处方是玩忽职守。

——苏格拉底（公元前 469～399）

随着人们食品安全意识的日益提高，食品供应链中新涌现的威胁正逐渐被认识。社会生活方式的变化也使得消费者越来越多地在外就餐和食用更多的加工食品。相应地，食品零售和服务行业，包括食品生产链上各个环节的生产商，将承担越来越大的责任来确保食品的安全和卫生，从而保障消费者的健康。

若要在变化的环境中成功地实现食品安全，人们就必须超越传统的培训、测试、检测的风险管理模式，对食品安全体系的组织文化和人文因素要有更好的理解。

若要改进零售商、餐饮服务业、拥有上千万员工的企业或当地社区的食品安全行为，则必须要改变人们做事的方式，必须改变他们的行为。事实上，简而言之，很多时候食品安全即是一种行为（图1.1）。

$$\boxed{食品安全 = 行为}$$

图1.1 食品安全公式

从某个角度来看，食源性疾病最普遍的诱因之一是不安全的人类行为。因此，想要提高食品安全，我们需要将食品科学和行为科学更好地整合起来，运用一种基于系统的方法来管理食品安全风险。

本书将致力于提供一些新的思想和方法，帮助您在企业或者职责范围内进一步改进食品安全行为。但是为了塑造食品安全的未来，理解和学习过去的经验教训至关重要。

食品生产的历史

纵观人类历史，食物是人类赖以生存的基础。然而，人类获取和生产食物的方法随时间发生了巨大的变化，我们对食源性疾病的关注和认识也发生了巨大的改变。

考古学家认为，远古时代，人类主要以狩猎为生。为了生存，他们形成了小的社会和家庭团体，一起去打猎、捕鱼和收集食物。为了觅食，人类的小群体从一个地方迁徙到另一个地方。多年以后，人类获取食物的方式开始发生改变。在一些较易收集和种植食物的地方,人们开始学习如何种植农作物和驯养动物,小的村落开始形成,早期的农耕方式开始建立,使人类群体可以在同一地域稳定生活下去。

数百年之后直至 20 世纪初期,世界上相当一大部分人口仍然是以农业耕种为生。许多个体和家庭仍旧种植他们自己所需的作物,但是和以往相比他们已能够在有限的土地上种植更多的农作物、饲养更多的动物,从而能够养活更多的、不停增长的人口。农业的进步被认为是形成城市的主要驱动力和现代文明的主要组成部分。对城市人口来说,粮食产量的提高带来了粮食价格的下降。随着粮食产量的提高,人们不再需要自己生产生活所需的食物,因此他们就可以发展其他的专业和劳动技能,这也使人们有了更多的业余时间去开发其他的兴趣和活动。

如今,从田间到餐桌的食品系统,已经演化成一个越来越复杂的网络体系,其中不同的企业、部门和个人互相依赖。美国农业部经济研究所(2006 年)将食品系统定义为"一个由农民及其相关行业构成的复杂网络,这些相关行业包括农业机械、化学品以及为农业贸易提供服务的公司,例如运输和金融服务公司,这个系统还包括连接田间和消费者的食品市场行业,包括食物和纤维加工商、批发商、零售商和餐饮业。"

现代食品系统由多种相互依存的元素构成,包括生产和加工技术、食品的各种运输方式、供应链中物流的库存控制和综合信息管理、市场营销以及其他更多的因素。就食品安全来说,在这个复杂的系统里有无数食品安全风险管理的关键控制点,而大多数时候它们并没有被很好地整合起来。

食品供应的全球化进一步提高了食品系统的复杂性。随着全球化的发展,食物从田间到餐桌的商业过程变得越来越复杂。食物前所未有地在更广泛的范围内分销,有时候从一个国家运输到另一个遥远的国家,食源性疾病则更有可能广泛爆发。这一趋势正在全球范围内发生。

食品零售行业的出现

在如今复杂的食品系统中,消费者越来越远离食品生产的大部分环节。食品零售行业已成为当今消费者食物的主要来源(在本书中食品零售业是指超市和餐饮业)。

超市使消费者可以在一个便利的地点买到成千上万种新鲜食物和加工食

品，且全年度持续供应。超市和餐饮业也可以使消费者买到烹饪好的食物和饭菜。

据统计一个人一生平均用餐超过 75 000 次（Cliver，1990 年）。就在短短数十年以前，这些食物大部分还是在家里烹饪的。而在当今这个忙碌的社会，由于越来越多的家庭中夫妻双方都要工作，花时间在家里自己准备食物变得越来越困难（Gallup，1999 年）。

如今，人们越来越多地外出就餐。一天中美国约 44％ 的成年人在餐馆用餐（美国国家档案登记处，NRA，2001 年）。如图 1.2 所示，根据埃宾（Ebbin，2001年）的统计，如今美国在食物的消费中 46％ 用于餐厅就餐，美国每年有 844 000 家餐厅提供超过 540 亿顿餐食（美国国家档案登记处，2001 年）。

4 140 亿美元（46％）外出就餐消费

图 1.2　美国用于食物的消费（2002 年）

有报道称餐饮行业是如今美国最大的私营雇佣行业，为 1 250 万人提供就业岗位（美国国家档案登记处，2006 年），预计这个数字还会增长。如图 1.3 所示，在美国约有四分之一的餐厅员工在家里不说英语（美国国家档案登记处，2006年）。在有大量西班牙裔人口居住的州，这个数字会更高。由于劳动力数量大、多元化且具有高流动性，因而员工的招聘、稳定和培训策略非常重要。

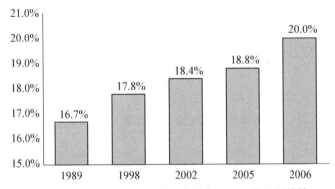

图 1.3　在家使用英语以外语言的餐厅员工的比例估算

毫无疑问,食品零售行业作为当今食品系统的主要组成部分,向消费者提供了多种多样的食品以及经济实惠的即食饭菜,但这种趋势带来便利的同时也伴随着风险。如今人们在外用餐日益频繁,而零售业中的劳动力具有高流动性,食物来自全世界,因而零售商肩负着巨大的挑战和责任去寻求安全的食品和配料,从而保障消费者的健康。

食源性疾病

尽管我们没有掌握食源性疾病的确切发病率,但如图 1.4 所示,美国疾病控制和预防中心估算,仅在美国,每年食源性疾病导致 325 000 例严重病例住院治疗,7 600 万例肠胃病例,以及 5 000 例死亡病例(Mead, Slutsker, & Dietz, 1999 年)。

如图 1.5,据美国疾病控制预防中心(CDC)报告,1993 至 1997 年间,平均每年有 550 起食源性疾病爆发,其中超过 40%与商业食品服务行业相关(Olsen, MacKinon, Goulding, Bean & Slutsker, 2000 年)。在美国,人们常引用该类统计数据声称,食品零售业应对大部分食源性疾病的爆发负责。

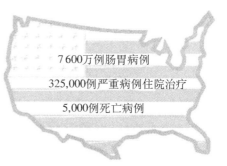

图 1.4　美国每年食源性疾病的估算

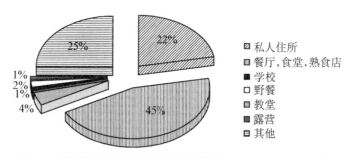

图 1.5　美国食源性疾病爆发的场所数据(CDC, 1993~1997 年)

然而,这个数据需要谨慎地解读。这两个事件之间的关联并不是因果关系。流行病学的特征是时间、地点、人物这些因素相互关联,正是这三个因素使更多的与食品零售业相关的食源性疾病被发现。

随着食源性疾病监管的加强、检测工具的改进、食品安全责任的明确，食源性疾病爆发的趋势可能会有所改变。公共健康专员进行的越来越多的检测表明，疾病与普通的食品来源无关，很多时候，食品服务行业是没有责任的。

同时，必须认识到进餐的场所并不一定是食物被污染的场所，或者微生物存活或繁殖到可以导致疾病水平的场所，或与之相关。进行食源性调查时，食物被污染的场所和对食物进行不当加工的场所的数据也应该被收集，这些数据或许可以提供更多有用的信息。

尽管我们不能从食源性疾病数据中得到绝对的结论，然而预防与餐厅相关的食源性疾病的爆发依然是一项应该优先重视的公共卫生问题，也是越来越大的挑战。

零售业的食品安全

从历史上来看，降低零售行业中食源性疾病风险两种主要的方法是监管检查和培训。在美国，食品零售行业定期接受当地、县立或州立卫生部门的检查。在有些地区，公众和当地媒体还可以很容易地通过互联网获悉餐厅的检查报告和分数。

但是零售食品检验对降低食源性疾病风险真的有效吗？不少科学文献和研究表明（Jones，Pavlin，LaFleur，Ingram & Schaffner，2004 年；Mullen，Cowden，Cowden & Wong，2002 年），零售业食品安全检查的分数与其爆发食源性疾病的可能性之间并没有关联。此外，据美国食品药品监督管理局（美国食品及药物管理局零售食品项目指导委员会，2000 年）过去的两项基线调查结果显示尽管有几千个卫生部门进行检查，成千上万名员工接受了食品安全的培训，美国食品零售业的检查结果并没有得到显著提高（美国食品及药物管理局国家食品零售团队，2004 年）。

英国威尔士大学克里斯·格里菲斯（Chris Griffith）的一句话很好地总结了这个问题，他说："尽管已经研究了上百年，花费了几百万的美元，食品安全仍然是个世界性的公共健康问题。"

既然对食品零售业进行了成千上万次的检查，在食品安全的研究上花费了几百万美元，全美国上下数以千计的食品零售行业的员工接受了食品安全培训，那么为什么看不到我们所希望看到的与食品零售业相关的食源性疾病的明显减少呢？尽管可能会有若干种合理解释，我想在此总结两个最主要的原因：一、零售食品的安全风险最好在食品生产链的上游进行控制，而不是在零售过程中进行控制，这一点非常重要；二、很多时候，想要改进零售阶段的食品安全，就必须改变人们做事情的方式,要改变人们的行为。

在食品生产链的最初阶段降低风险

当我们寻找降低零售行业食源性风险的策略时,应意识到多年来我们用来降低食源性疾病风险的方法并未如我们所期望的那样奏效。因此,为了显著地降低风险,未来的防范策略应重视在原材料和产品进入零售环节以前就消除病源微生物的存在,而不是在餐厅消除它们或者阻止它们滋生。

有了以上这种想法,让我来向你介绍一个新术语,我一直称之为战略控制点(strategic control points,SCP),我们必须意识到有些风险在食物生产链的上游最好控制,而且并不是所有的关键控制点(critical control points,CCP)都是等同的,有些明显要比其他的更有效、更重要,视觉模型图见图 1.6。

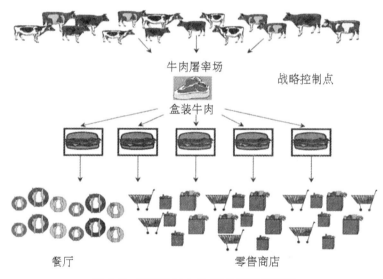

图 1.6　战略控制点(SCP)的视觉模型图

让我解释一下我的意思。打个比方,假如你看一下 FoodNet(美国疾病预防控制中心,2007 年)的数据,弯曲杆菌是导致美国食源性疾病最常见的病菌之一,它常常与操作不当的禽类产品相关。如果我们真的想降低美国人口中弯曲杆菌的发病率,应侧重于建立一个非常有效的战略控制点。如果我们能在食物链的最初阶段就降低弯曲杆菌的污染率,我敢肯定人类感染弯曲杆菌疾病的案例数量就会显著降低。但是如果我们还一直依赖食物链末端的治理,无论是在餐厅还是在家里，人类降低患病风险的效果就不会那么显著。

记住，确保零售食品安全是共同的责任。在我看来，将责任归于厨师或者餐厅的时代很快就会过去，食品安全的责任存在于整个食品生产链。零售行业必须且应当继续承担他们的那部分责任，但是我们应在食品生产链的上游就将食品安全风险降至更低。

改变行为

尽管一再强调，控制零售层面的食品安全风险首要和最关键的一步是管理生产链上游的食品安全风险，然而食品一旦进入零售阶段，其员工必须对其进行安全地储存和加工。

如图 1.7 所示，美国疾病预防控制中心的报告指出，食源性疾病爆发比较普遍的诱因包括不当的保存温度、烹饪不充分、用具受到污染和不良的个人卫生习惯（Olsen，MacKinon，Goulding，Bean & Slutsker，2000 年）。但是深入研究这些诱因，而不是从技术或流行病的角度去看，我发现了非常不同的东西。例如，当我分析烹饪不充分这个诱因的时候，我就想象一个人在烤架前煎牛肉饼，换句话说，我看到了一种行为。关于被污染的用具又是怎样的呢？当我分析这个诱因时，我就想象一个人在砧板上切一块生肉，在这之后，未经充分清洗和消毒，又用同一块砧板来切色拉，一种即食的食物。我再次看到了一种行为。关于不良个人卫生呢？我不是把它看做一个技术问题，而是一个人在该洗手的时候不洗手，或者生病的时候去工作，我看到的又是一种行为。我的结论是，很多时候，食品安全等同于行为。

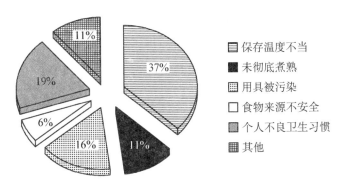

图 1.7　不同诱因导致的美国食源性疾病爆发数量（疾病预防控制中心，1993～1997 年）

　　历史上,降低零售行业食源性疾病风险的两个主要方法是监管检查和培训。我们应充分认识到,尽管监管检查和培训对改善零售食品安全很重要,但是它们在这个过程中并不是第一个步骤,也不是仅有的步骤——仅有这些是完全不够的。想要实现食品零售环节和供应链其他环节的食品安全,需要超越传统的培训、测试和监管检查,这就需要对食品安全的组织文化和人文有更好的理解。想要提高食品零售业或服务业和拥有上千万员工的企业或当地社区的食品安全行为,就必须改变人们做事情的方式,必须改变人们的行为。

　　想要实现食品安全不仅要彻底理解食品科学,还需要将食品科学和行为科学有机结合,创造一个基于行为的食品安全管理体系或者食品安全文化——而不仅仅只是一个食品安全程序。

　　在这本书剩下的部分,我们将会着重阐述食品安全的一个独特因素——行为和文化。

本章重点

- 如今食品安全意识的日益提高;食品供应链中新的威胁正逐渐被认识;消费者越来越多地在外就餐。
- 这些年来,人们获取食物和生产食物的方式发生了巨大变化。
- 食品零售行业开始成为消费者获取食物的主要途径。
- 毫无疑问,食品零售行业作为当今食品系统的主要组成部分,向消费者提供了多种多样的食物和经济实惠的即食饭菜,但是这种趋势带来利益的同时也带来了附加风险。
- 历史上,降低零售行业食源性疾病风险的两个主要方法是管理检查和培训。
- 尽管对食品零售行业进行了成千上万次的检查,数以千计的食品零售行业员工接受了食品安全的培训,我们还是没看到我们希望看到的零售食品行业里食源性疾病的明显减少。
- 有些食品安全风险最好通过建立战略控制点(SCPs),在食物生产链的最初阶段进行控制,而不是在食品零售环节中。
- 想要改变零售层面的食品安全,我们应该改变人们做事情的方式,改变人们的行为。
- 将食品科学和行为科学较好地结合在一起的方式是创造一个基于行为的食品安全管理体系。

2 为什么要关注文化？

每个人的能力都可能通过文化而加强或提高。

——约翰·艾伯特(John Abbott，1821～1893)，
加拿大第三任总理

如果你的企业目标是建立更大或更好的食品安全程序,那么我认为尽管你的意图是好的,你的目标可能没法实现。你的目标应该是创造一个食品安全文化——而不是食品安全程序(如图 2.1),这两者有很大区别。

图 2.1　食品安全文化——不是一个食品安全程序

"文化"是一个在当今社会经常被用到的词,甚至可能已经被过度使用。那么它到底是什么意思呢? 我们使用什么词和我们如何使用它们都很重要,其重要程度有时候超过了我们的认识。它们是有效沟通的基础。所以我们花一些时间来回顾一下"文化"这个词。

什么是文化?

对于一个食品科学家,文化可能是个有点模糊或抽象的概念。我们更习惯谈论微生物、pH、水分活度和温度,我们称之为硬科学。我们不太习惯谈论与人类行为有关的术语,比如文化——常常被我们称之为"软科学"。为了说明这一点,我们假设你让十位食品科学家定义什么是文化,你认为会得到什么样的答案呢?很有可能你会得到十种不同的答案。但是如果你请这十个人来定义 pH 或者水分活度,我猜想他们的答案将非常相似。

然而,纵观过去几十年食源性疾病的发展趋势,我清楚地认识到软科学也同样是硬科学。除非我们能够很大程度地影响和改变人类行为(软科学),否则我们不可能大幅度地减少全球食源性疾病的负担,尤其是在世界上或食品体系中的某些方面。

所以什么是文化呢? 我所见到的其中一个最好的定义(Coreil, Bryant and Henderson, 2001 年)是这样的:"文化体现一个社会群体的思想和行为特征,可以通过社会活动掌握并随着时间不断持续。"因此,对我们而言,食品安全文化则是公司或者企业的员工如何解读食品安全,是他们常规实践和所展示的食品安全的行为。根据这个定义,员工只需成为公司或者企业里的一分子就会掌握这些思想和行为。此外,这些思想和行为将会渗透和贯穿整个企业。如果你真的创造了一种食品安全文化,这些思想和行为将会随着时间的推移不断持续,而不仅仅是成为一个"月计划"或者某年度的焦点而已。

美国健康和安全委员会(1993年)给出的更具技术性的定义是"一个企业的安全文化是个人和集体的价值、态度、能力和行为方式的产物,它决定了该企业的健康和安全计划的目标、形式和效率。拥有积极的安全文化的企业具备以下特征:以相互信任为基础的沟通、对安全重要性的共识和对防御措施效用的信心"。尽管这个定义比较技术性,我喜欢它表明了食品安全文化是由个人和集体的思想、态度和行为共同组成的这一现实。它表明了食品安全是独立的,企业的每一位员工对提供安全的食品都有各自的责任。它也表明了食品安全是相互依赖的,公司的所有员工有确保食品安全的共同责任。一个组织整体的食品安全取决于每个部门,其整体效果大于各部门之和。

一直以来我最喜欢的一个最简洁的定义是"文化是我们在这里做事情的方式"。简言之,食品安全文化是一个企业或者群体如何实施食品安全的方式。

文化为什么重要?

我想让你暂停一会儿,暂时摆脱"食品安全"。想一想你从报纸上读到或者新闻里听到的一个严重的灾难性安全事故(如图2.2)。你是否回想起事故潜在的根本原因是什么?所报道的事故原因是设计错误吗?还是归因于操作员的失误?不当的培训是否是原因之一呢?

重大安全事故的调查中,潜在的根本原因是什么?(选一项)

1. 设计错误
2. 操作员的失误
3. 不当的培训
4. 企业文化

图 2.2　事故根本原因调查

在我们的生活里所发生的重大的或者灾难性的安全事故中,经常把设计错误、操作员失误或者不当的培训确定为事故的直接原因。然而,如果你仔细研究一下对重大事故的调查,比如三里岛事故、切尔诺贝利核电站事故和航天飞机灾难，一个更深层次的原因——企业文化——常常被看作是比直接和表面原因更基本的原因。这个观点的一个重要例证是：2013 年 2 月 1 日，美国遭受了失去哥伦比亚航天号飞机和 7 名航天员的惨痛损失。事故的物理原因被认定是航天飞机左翼前端防热系统的撕裂，损坏原因是刚起飞不久外部燃料箱上一块绝缘塑料泡沫脱离撞上了左翼。调查报告很详尽和具体，然而报告中的一条陈述让我印象非常深刻，哥伦比亚号事故调查委员会（2003 年）总结道："在我们看来，与泡沫塑料一样，美国国家航空和宇宙航行局的企业文化也与此次事故的关系重大。"这个引证发人深省，它强有力地提醒了我们文化的重要性。

毫无疑问，一个企业的文化影响着它的安全行为。企业文化将影响这个集体里每个人对安全的观点、态度，影响他们是否愿意敞开讨论安全关注点和分享不同的观点，总之，影响他们对安全问题的重视。这个观点是否也同样适用于食品安全领域？当然！然而，有趣的是食源性疾病爆发调查报告和其他重大的食品安全事件报告中很少提及企业文化。我认为在当今一些重大的食品安全事件中，企业文化也起到了重要的作用。

谁创造了文化？

毫无疑问，在一个企业或社会群体中，食品安全是一种共同责任。但就创造、强化或者维持企业内部的文化而言，有一个群体真正地拥有它——企业领导。

《企业文化》的作者埃德加·沙因（Edgar Schein，1992 年）的一句话，很好地陈述了这个观点。他说："企业文化是由领导者创造的，领导阶层最具有决定性的职能之一是创造、管理以及——在必要时——摧毁文化"。

尽管这句话可能会让你觉得有点霸道，它却是事实。企业的食品安全文化的强度是其领导阶层对食品安全重视程度的直接反映。食品安全文化开始于高层并向下渗透，它并不是自下而上建立的。如果一个企业的食品安全文化不受重视，其最终责任在于领导人。

读到这里，不要以为我在暗示企业的中层食品安全管理者或质量保证专员对创造和管理食品安全文化不起作用，我并非这个意思。我经常见到工作不具成效的中层食品安全专员抱怨高层管理的食品安全工作缺乏有效性。想要有效地影响上司，中层专业人员需要认识到他们的目标是帮助高级管理阶层创造食品安全文化，而不是简单地支持他们所管理的食品安全程序。为此，他们需要彻底理解企业文化的要素和人类行为的因素，也需要有效的沟通技能来促进和谐，加强影响力。中层管理者也是领导,他们有责任为高级领导阶层提供有效建议并影响上层。他们也是企业文化的拥有者。

文化是如何被创造的?

拥有强大的食品安全文化是一种选择。理想情况是,企业领导主动选择建立强大的食品安全文化,因为这是正确的选择。安全是一个企业稳固的价值,注意我说它是价值而不是优先性。优先等级可以改变但是价值不会变(Geller,2005年)。企业选择拥有强大的食品安全文化,因为它重视客户和员工的安全。企业的领导者应有远见认识到拥有强大的食品安全文化的重要性,它直接和间接地使企业受益。

另一种不太理想的情况是,对有些企业或者群体来说,建立强大的食品安全文化可能是被强迫而做的。他们对改善食品安全文化的关注是被动的,是由某个重大事件所驱动的。他们也许经历了食源性疾病的爆发、高度的媒体曝光或者重要的监管事宜,他们迫于压力做出反应。

不管是基于主动的意愿还是对事件的应激,建立强大的食品安全文化并不是偶然发生的。仅仅读一本这方面的书或出席一次这个主题的研讨会并不能建立食品安全文化。如果你的企业食品安全文化已经完全建立,却远远达不到要求,它将不会轻易改善。根据情况,改变根深蒂固的思想、信仰和群体的行为是很困难的,需要花好几年时间。创造和巩固食品安全文化需要企业内部从上到下、各个阶层领导者共同的意志和努力。但欣慰的是,这是可以做到的。

基础

就像盖房子,建立在坚实根基之上的食品安全文化才更强大。企业的根基就是其价值。想要建立有效的食品安全文化,企业或者社会团体则应明确地把安全定义为基础价值。像之前提到的,价值与优先性不同(Geller,2005年),优先性可以根据情况改变,价值不会改变。价值是根深蒂固的原则或理念,它引导企业如何做决断和经营业务。在许多有强大安全文化的企业中,过去和现任的领导都通过建立一系列的安全指导原则或安全理念来明确表明他们对安全的重视程度,并将安全承诺建成文档。但是在你贸然断定这是个做作的花招或感觉它是个好方法之前,请再仔细想想。书面文件记录的承诺很重要。西奥迪尼(Cialdini,

1993 年)在他的经典著作《影响力：说服心理学》中指出，有科学证据表明书面承诺比口头承诺更有效。据西奥迪尼(1993 年)所说，人们有意于实现他们所写下的。将一系列食品安全指导原则和理念建立文档，会给企业领导带来压力，使其企业或员工的行为与其理念相符。建立文档也可以确保企业的价值或理念为大家所知，并可与他人分享。当要创建食品安全文化时，这是一个很好的起点：把企业的领导者们召集在一起，让他们——而不是你——明晰和设立一系列的食品安全理念和原则。

核心要素

尽管两个伟大的食品安全文化不会完全相同，它们可能会有很多相似之处。根据题为《驶向"0"，公司安全与健康的最佳实践，领先企业如何发展安全文化》(Whiting & Bennett，2003 年)的研究报告中指出，65 个美国的龙头企业的安全文化有相似的核心要素。尽管这个报告聚焦在职业安全与健康问题，让我们来回顾一下其中的一些要素以及他们是如何与食品安全文化相关的。

顶层领导力

如本章先前提到的，食品安全文化开始于高层并向下渗透，它并不是自下而上渗透的。创造食品安全的愿景、设定期望值并激励他人执行是领导阶层的职能。有趣的是，在食品安全领域，我们常常谈论食品安全管理，我们极少会谈论到食品安全领导力。然而管理和领导力是不同的，据马克斯韦尔(Maxwell，1998 年)所说"这两者的主要区别是：领导能力是影响人们去执行的能力，而管理的重点是维持系统和过程"。拥有强大食品安全文化的龙头企业不但拥有适当的食品安全文化管理系统，还拥有强有力的致力于食品安全的领导者，他们可以影响其他人，引导企业走上更具安全性的道路。

员工的信心

各级员工必须确信企业同等看待食品安全价值和其他价值。获取员工信心的唯一方法是企业领导者言出必行。如果企业声称客户和员工的安全是该企业的价值，毫无疑问员工们会观察企业的行为是否与言论一致，如果他们察觉到企业对食品安全的承诺与其行为有任何矛盾或不一致之处，他们就会对企业失去信任，企业或领导则不再被信服和遵从。拥有强大安全文化的公司通过行动赢得员工的信任,而不是空言。

清晰的透明化管理和领导力

即使你身在高层拥有非凡的眼光和领导力,没有中层管理者的认同和支持,也不能建立卓越的食品安全文化。企业各管理阶层都需要通过细微的言行明确体现他们对食品安全恪守承诺。每一天,不管是否意识到,各管理阶层都在影响着一线员工。如果管理者对执行正确的食品安全和卫生程序持消极态度,就会体现在他们的语言和行动中。例如,如果一个食品服务业的管理者在开始工作前不洗手,那他怎么要求他们的员工正确洗手呢? 反之,如果管理者通过言行体现了他们对食品安全的积极态度,他们的员工很可能就会做同样的事情。在拥有强大的安全文化的企业,对食品安全的恰当态度身教胜于言传。

在各级别实行问责制

企业一定要让员工明白公司对食品安全业绩的期望值,并且各个级别的员工都承担一定责任。问责这个词通常意味着通过相互制约和平衡,确保达到一定期望值。在有强大食品安全文化的企业,这无疑是正确的。例如,企业每天进行"危害分析和关键环节控制点(HACCP)"的检测,监督员工与食品安全相关的行为,并根据结果给予反馈和辅导(包括积极的和消极的)。但是在拥有先进的安全文化的企业里,他们已经找到一种超越问责制的方法,其员工做正确的事情,不是因为他们肩负责任要承担后果,而是因为他们相信并愿意致力于食品安全。有人说"特性"是一个人独处、没有人看到时的行为。在拥有先进食品安全文化的企业中,员工做正确的事情不是因为管理人员或顾客在监督他们,而是他们知道这样做是对的,是他们内心愿意这样做的。

知识和信息共享

信息和知识的共享就像将这个社会群体黏合在一起的胶水。拥有强大安全文化的企业都知道这个道理。他们认为信息共享比简单的食品安全培训更重要,他们通过各种通讯手段和媒介经常与员工共享信息,定期与员工交流食品安全。他们意识到看到、听到和读到的信息,一旦处理得当,将会产生巨大影响。如果不是这样,广告商也不会每年花费上百万美金招揽客户。如同商业营销,拥有强大食品安全文化的企业共享信息并不只是为了传播知识,而是为了说服员工落实于行动。

最佳实例

除了上述核心要素,从具有强大安全文化的企业中还总结了 20 余条最佳实例(Whiting and Bennett,2003 年),如图 2.3。尽管这些最佳实例是与职业健康和安全问题相关的,许多仍适用于食品安全。最佳实例涵盖了许多方面,从运营安全到管理者将安全作为公司价值,乃至对卓越食品安全业绩的奖励。

实践和程序
- 营运整合
- 激励程序
- 行为观察和反馈
- 安全委员会
- 案例管理
- 安全检查

管理者的责任
- 强调它是公司价值
- 在员工会议上讨论安全性
- 加入安全委员会
- 频繁"四处巡视"
- 确保足够的资源
- 确保员工培训
- 创造相互信任的关系
- 暂停不安全的活动

前线主管责任
- 鼓励安全行为/制止不安全行为
- 进行危害分析
- 培训员工
- 进行安全检查记录
- 调查事故和虚惊事件

员工参与
- 安全行为目标
- 肯定卓越的安全绩效
- 不安全行为的渐进性惩处

图 2.3　安全文化最佳实例

尽管总结出最佳实例是有用的,但是建立这样一个清单的严重不足之处在于它并不能表明这些活动是如何相互关联的。事实上,食品安全专业人员也经常犯同样的错误,他们参考其他企业,总结一系列食品安全的最佳实例,并应用于他们的公司或工作场所。这种做法的问题是它过分简化了食品安全中的人为努力,它将食品安全处理成了一个自助餐厅,拥有潜在的菜单选项,却不知道各种最佳实例如何关联和相互影响。它忽略或者过分简化了最佳实例或努力是如何作用于系统中的。

想要有效地建立或维持食品安全文化,养成系统的思考习惯很重要。你需要认识到企业为食品安全所实行的各种措施间的相互关联,以及所有这些措施将如何影响人们的想法和行为。为了创造食品安全文化,你需要建立基于系统的食品安全。这是下一章的主题。

本章重点

- 食品安全专业人员的目标应该是创造一个食品安全文化——而不是食品安全程序。

- 文化是可以表达一个社会的各种思想或者行为的独特方式,可以通过社会活动掌握并随着时间持续。

- 一个企业的文化将会影响企业中每个人对安全的观点、态度、他们愿意公开讨论安全关注点和分享不同的观点,总之,他们对安全问题重视。

- 就创造、强化或者维持企业内部的文化而言,真正的拥有者是企业领导。

- 拥有一个强大的食品安全文化是一种选择,企业的领导阶层应主动地选择拥有一个强大的食品安全文化,因为这是正确的事情,而不是出于对重大问题或事件爆发的应对。

- 创造和巩固食品安全文化需要企业内部各个阶层领导者的承诺和努力,从顶层开始。

- 尽管没有两种食品安全文化会是完全相同的,但它们可能会有很多相似的特点。

- 识别最佳方案是有用的,但是创造这样一个清单的主要不足是它并不能表明这些活动是如何相互关联的,它漏掉了制度这个更大的蓝图。

- 为了创造一个食品安全文化,需要一个基于系统的食品安全方法。

 **基于系统的食品安全方法**

系统是一个整体，通过各部分的相互作用维持自身的存在。

——路德维希·冯·贝塔朗菲(Ludwig von Bertalanffy，1901~1972)，
    奥地利生物学家

如今专业人士在进行食品安全管理时,会找到大量描述各种食品安全相关活动的文章、书籍以及研讨会,他们认为这些活动都可以在他们所在的企业或是工作场所实施。只要你参加过食品安全研讨会,你就能明白我所说的。一些活动的讨论范围很广,从流水线上员工特定的培训方案,到食品安全检测,再到电子信息技术系统的使用。尽管这些都很重要,但采取这种方式进行食品安全管理的一个最主要的弊端在于,它没有强调企业施行的这些活动之间是如何关联的,也没有显示这些活动之间是如何相互影响的。而最大的弊端是这种方式没有充分考虑这些活动作为整体会对员工的思想以及行为产生什么影响。总的说来就是,这种方式没有将食品安全作为一个系统考虑,没有纵览全局。

虽然我意识到在如今的食品安全领域,"食品安全管理体系"是一个常用的术语,但在本书中我并没有太多地使用它。食品安全管理体系通常包括了建立必备程序、良好操作规范(good manufacturing practices,GMPs)、关键控制点的危害分析计划、召回程序等。它是特别强调流程的系统。不要误会我的意思,我完全支持明确的流程和标准,它们确实很重要。但仅有这些是不够的。本书所指的体系有所不同,它关注流程的同时,也关注人。它是一个建立在对人类行为、企业文化以及食品安全的科学认知基础上的体系。我称之为"基于行为的食品安全管理体系"。

请记住,要提高企业的食品安全水平,最终是要改变人们的行为。你可以建立世界上最完备的书面的食品安全流程及标准,但如果人们不愿意将此付诸实践,那它们就一无所用。因此我们所提倡的系统既强调食品安全科学,又强调企业文化和人类行为。

什么是系统?

为了有系统思考的意识,我们必须首先了解什么是系统。根据韦氏词典(1985)中的解释,系统是指一组定期地相互作用或相互依存的事物所组成的统一整体。仔细想想,其实系统十分常见、无处不在,有简单的,也有复杂的;有生命系统,也有非生命系统。生命系统,如单个细胞、我们的中枢神经系统、单个人、生态系统甚至是某个企业。系统思考通常针对生命系统而言,如生物系统或人类社会系统。本书中我们所说的统一整体或者说系统,就是企业的食品安全文化,是指一个企业实行食品安全管理的方式以及企业员工在思想和行为上执行食品安全的特定方式。食品安全文化其实是一个更大的体系——企业整体文化——的一部分。本书中我们会特别关注食品安全文化。

系统思维

通过研究和分析我们已经对食源性疾病的病因有了科学认识,食品安全专业人士通过实施特定的风险管理策略进一步推动了食品安全。有时某个特定食品安全问题以及策略会被独立研究,而不是放在整体或系统中考虑。这种线性的因果思维模式在许多情况下确实是可行的,然而它无法解决我们所面临的某些难题,比如一些与企业食品安全文化相关的问题,或是员工对食品安全践行的问题。因为这些问题涉及许多相关的方方面面。

要真正理解一个系统,就不能将它所包含的各个部分割裂开来分析,而必须掌握各部分之间是如何相互作用和影响的。这是系统的一个重要特点。前文所引用的韦氏词典对系统的定义:系统的各部分相互作用并且相互依存,即说明各部分间不仅是简单的因果关系。例如,除了元素 A 单向影响元素 B(图 3.1),元素 B 也可能会直接或间接地影响元素 A(图 3.2)。系统要求我们对关系类型(如反馈关系)有更加全面的理解以便解释各个元素在系统中所起的作用。

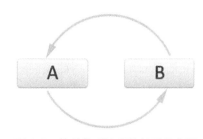

图 3.1　简单的线性因果关系示意图　　　　图 3.2　简单的系统反馈关系示意图

只有通过系统思考,食品安全专业人员才能完全建立基于行为的食品安全管理体系。

行为改变理论和模型

改变行为很困难,特别是改变那些与健康以及安全相关的行为。在我们继续论述如何建立完全基于系统的食品安全管理蓝图之前,我们应注意到已经发表的大量关于行为改变的理论。尽管本书或本章节不会对行为改变理论进行详尽的阐述,但作为食品安全专业人士,你还是应该对它们有所了解。因此下文对一些被公共健康专家认可的比较突出的行为改变理论作简要概括。

行为理论

行为理论很大程度上建立在斯金纳(1953年)关于操作性条件反射的研究基础上。根据这一理论,行为改变是对环境刺激的反应。该理论基于预期反应或行为与强化刺激的匹配。将预期行为与一个正面或负面的强化刺激不断重复匹配,可以增加或是减少该行为。比如,给顾客提供优质服务的员工可以获得主管的奖励卡。这个卡片就是一种正面的强化刺激,增加了该行为再次发生的可能性。相反地,一个违反公司政策的员工可能会得到书面警告,以制止这种行为。

社会认知理论

根据认知理论,人类对外在刺激的反应很复杂,绝不仅仅是一系列的反射行为。社会认知理论强调行为受到环境以及个人因素的影响(Baranowski, Perry & Parcel, 2002年)。个人行为受到其信念,态度以及认知的影响。社会认知理论的核心思想是技能以及自我效能。如果一个人感受到与他的某个行为相关的刺激,他们一定相信自己有能力完成它(即自我效能)。成功实施某行为可以增大再次施行这一行为的可能性。

健康信念模式

公共健康专家在分析健康相关的行为时普遍使用健康信念模式。该模式基于四个关键概念(Janz, Champion & Stretcher, 2002年):第一是对于自身可能罹患某种疾病的认知。例如,根据家族病史,如果一个人认为自身患癌症的风险很大,他们会更愿意接受健康指导。第二是对于疾病或健康状况的严重程度的认知,人们不太在意一些不严重的疾病和状况。第三个概念是从保护措施中获益的认识。如果一个人怀疑纠正措施或解决方案的有效性,他们一般不会采用。第四个概念是对采取某项行动的障碍的认知。障碍多种多样,包括语言、文化以及财政状况等。例如,如果认为健康饮食的花费很高,人们很可能不会改变原来的饮食习惯。

理性行为理论

理性行为理论主要关注态度、信念以及意向。根据这一理论,个体的行为受行为意向驱动(Montano & Kasprzyk,2002年)。而个体意愿和信念受两个关键因素的影响。第一,若个体对某种行为持积极态度,意愿更强烈。第二,若受到社会准则驱动,个体意愿更强烈。

行为转变理论模式

行为转变理论模式解释了人在行为变化中经历的六个阶段,通常与他们想要改变的意愿相关。这六个阶段分别是前意向阶段、意向阶段、准备阶段、行动阶段、维护阶段和终止阶段(Prochaska & Diclemente,1986)。依据这一理论,通过特定的干预来影响人类行为变化应该与其所处的阶段或其做改变的意愿相符合。

社会营销

尽管社会营销不是一个行为理论,但它也是一套程序,可用于促进与健康行为相关的行为改变。安德烈亚森(Andreasen,1995)对其定义如下:"*社会营销是将商业营销技术用于一些计划的分析、策划、执行和评价,该计划为影响目标群体的自发行为而设计,其目的是改善个人和整个社会的福利。*"

环境或物理因素

在行为改变理论以及模型中经常缺失的一个重要因素是,环境或物理因素对于个人从事某项行为的意愿的影响,例如设施设计、设备选择以及劳动工具。换言之,这些环境或物理因素是整体系统的一部分,并且能影响个人的行为动作。如图 3.3 所示,盖拉(Geller,2005)指出物理因素是安全体系中的三个主要组成部分之一。还有一个关于该理论重要性的例子,在美国环境健康服务部、国家环境健康中心、疾病防控中心联合发布的一个模型中,物理因素是整个食品安全体系四个重要组成部分之一(图 3.4)。

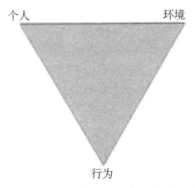

图 3.3 环境、行为以及个人因素对安全的影响(Geller)

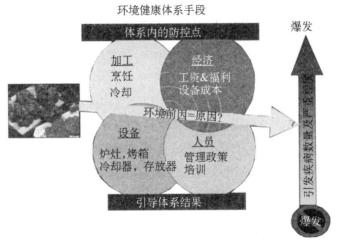

图 3.4 食品安全体系(疾病防控中心,美国国家环境健康中心,环境健康服务部)

　　显然,在谈及食品安全管理时,最关键的一点是在系统适当的位置放置物理设施。设施在设计之初要考虑到食品安全及卫生,并符合相关法规标准;设备与工作要相匹配;给员工提供工作所需的合适工具。为了阐明这一点,下面着重说明美国食品药品监督管理局食品法典(2001 年)中对一些关键设施的要求。在食品零售企业中,地板、地板覆盖层、墙面、墙面涂料和天花板要以光滑及易清理为原则进行设计、施工和安装。食品企业的外部开口应加以保护,填充或关闭孔洞以及地板、墙面和天花板间的缝隙;关闭且密封窗户;安装坚固、自动开关以及密封的门。防止昆虫和啮齿动物进入设备及器具的设计和制造要保证其在正常使用条件下能够持久使用，并能保持其功能特性。洗手台应设置于食品准备、食品分装以及器皿清洗区域中员工方便使用的地方，以及设置于厕所或紧靠厕所的位置。食品法典中对物理设施的要求数不胜数，简而言之，将物理设施放置于适当位置，是对一个高效的食品安全管理体系的基本要求。

不难想象，环境或物理因素常常直接或间接地影响行为。以洗手这个简单的行为为例。如果员工在开始工作和某些任务中间需要洗手，尽管他已经在培训中知道了洗手的重要性，如果水槽是设置在一个触手可及的地方则会大大增加员工真正洗手的可能性。想象这样一个场景，员工特别忙碌，几乎没有足够的时间去遵守工作准则。如果他们不得不离开工作区域，走上很长一段距离去洗手，你认为他们会坚持花时间去洗手却使工作落下么？

但设施设计、设备选择以及劳动工具并不足以解释所有行为。为了说明这点，我们再回顾一下洗手这个行为。你认为是什么原因促使人们在使用完卫生间后洗手的？仅仅是因为洗手池位置合理、功能齐全、设计恰当么？有多少次你身处有着自动感应出水、功能齐全的公共卫生间，然而你还是可以看到有些人在使用卫生间后没有洗手就直接走掉的？我确信你肯定有经历过这些，这很常见。事实上，根据美国微生物协会（2005）公布的一项研究结果，仅 91% 的美国成年人表示他们在使用完公共卫生间后会洗手，但在这些设施处观察发现只有 83% 的人确实会这么做。在很多情况下，这种不安全或是不理想的行为，在这里是指人们在用完卫生间后不洗手这个行为，并不是因为设施设计不合理或是洗手池位置不方便引起的。这些不安全行为的发生是由其他一些非物理因素引起的。个人对于使用洗手池的意愿常常超越设施设计或是合适的工具本身，它往往更复杂。很多时候，为了激励、塑造和完成一个理想的行为，我们需要考虑系统的其他要素——而不仅仅是物理要素。

基于行为系统的持续改进模型

在本书的后续章节中，让我们假设设计精良的设施、合适的设备以及恰当的劳动工具是行之有效的食品安全管理的基础。我们不再对这些部分多加讨论，因为不论是科学文献还是法规、设备以及设计标准中关于这些部分的描述已经很多了。在本书的余下部分，我将着眼于系统中与营造食品安全文化相关的非物理因素。

俗语说，一幅图胜过千言万语。如果这是事实，那模型的效果也不亚于此。图3.5是一个持续改进模型，展现了与营造基于行为的食品安全管理体系相关的主要非物理概念和行为。尽管该模型并不涵盖所有元素，但它用关键元素搭建了一个有用的构架，这些关键元素是在尝试建立或强化食品安全文化时必须考虑的。

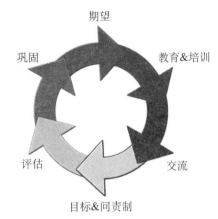

图3.5 基于行为的食品安全管理体系的持续改进模型

本章重点

- 在如今的食品安全领域，食品安全管理体系是一个常用的术语，但在本书中我并没有普遍地使用它。食品安全管理体系这个术语通常更面向流程。
- 基于行为的食品安全管理体系关注流程，但同时也关注人。它是一个基于人类行为，企业文化以及食品安全各方面科学知识的系统方法。
- 系统是由一组相互作用或相互依存的项目组成的统一整体。
- 系统不能用简单的因果关系的思维解释。它需要用更加复杂的关系，例如反馈关系，来解释系统中各个元素的作用。
- 建立基于行为的食品安全管理体系时需要系统思考的思维方式。
- 改变行为，尤其是那些与健康安全相关的行为，会很困难。食品安全专家应该熟悉一些重要的行为改变理论和模型，包括行为理论、社会认知理论、健康信念模式、理性行为理论、转变理论模式以及社会营销。
- 行为改变理论中的一个重要部分，在改变理论和模型中常常被遗漏，它就是环境或物理因素对个人行为意愿影响的重要性，如设施设计、设备选择以及工作工具。
- 基于行为的食品安全管理系统可以通过持续改进模型建立。

4 建立食品安全绩效预期目标

期望值的高低决定了行动的质量。

——亚森·戈丹(A. Godin,1880～1938),法国作家

　　为了使员工实现所设定的食品安全绩效,很多专业人士认为第一步是保证所有员工接受正确的食品安全培训。其他人则认为关键是定期对零售食品企业的某些行为、成效或状况进行检查。事实上,为了达到所设定的绩效目标,培训和检查是食品安全专业人员最常用的两个工具,但它们不是首要步骤,也不是仅有的步骤——它们无疑是不够的。实际上,要取得卓越的食品安全绩效,起步要更早。建立明确的、切实可行的、能被所有人理解的食品安全绩效预期目标是它的起点。换句话说,如果企业想要在食品安全领域取得卓越的成就,各级员工都需要知道对他们的预期是什么;为了实现它,什么是确实要做到的。这才是创建一个以行为为基础的食品安全管理体系的第一步。

让员工做该做的事情

　　让员工执行你想让他们做的事情并不容易,甚至有些人认为这正变得越来越困难。很多专家认为劳动力正在发生变化。一般而言,在工作中员工对权威人物包括经理和主管的尊重没有了。也有人说,美国的职业道德在滑坡。员工不关心工作,也不像以前那样好工作。但导致员工不像雇主所期望的那样工作有其他重要原因吗?听起来令人难以置信,根据富尔尼(Fournies,1999 年)所说,为什么员工在工作中没有做应该做的事情?管理者给出的最普遍的原因是,员工不知道自己应该做什么。思考一下这个情况。员工达不到雇主所期望的表现的一个主要原因是他们并不知道自己应当做什么。员工需要有明确的、可实现的食品安全绩效预期目标,知道哪些是他们必须做的,以及他们该如何去完成这样的任务。有趣的是,许多管理者和领导只在出现绩效问题后,才会花时间向员工明确绩效预期目标。在绩效出现问题后再明确就太迟了,特别是当它涉及食品安全的时候。绩效预期目标需要在分配给员工职责和任务前向他们明确和分享,这样才能使员工们成功,才能安全地做事。

　　除了确保预期目标是明确和可实现的之外,它们也应该是高质量的。作为一个管理者,你的预期将会给你回报。如果你的期望目标不明确,员工不会知道你想让他们做什么。如果是明确的,但要求低,你会得到一般的结果。相反,如果你的目标是明确的、较高的、坚定不移的,那么你会收获更多。根据已故的沃尔玛创始人山姆·沃尔顿所说，"设定高的期望目标是事事成功的关键。"作为一个拥有非凡智慧和丰富常识的精明商人，山姆深知他的预期目标的高低将决定他周围人的行动质量。用明确的高期望目标，他创造了常人不可想象的奇迹——世界最大的有一百多万员工的零售连锁店。

不仅仅追求效率

在当今快节奏的商业世界里，许多食品零售企业专注于更高效地做事。如果用一个词来形容当今的零售食品世界，我会选择"更多"。客户有更多的需求，有更多产品或解决方案可供选择。消费者在食品零售场所用餐次数更多。还有更多对食源性疾病的关注以及更多的法规。很多时候，这一切使得食品零售业从业人员有更多的工作要做。因此，许多企业都专注于更高效地做事。但除了专注于多做事，或更高效地做事，我们应该同样专注于正确地做事。在诸多领域或学科中，只有预期目标是明确的、高的、坚定的，才能把事情做对，零售食品安全领域肯定是其中的一个。想想看，一旦涉及食品安全，"基本正确"或者"还不错"都可能还不够好。试想一下，如果员工根本不知道汉堡肉饼必须烹饪至全熟，也不知道怎么样去做，你认为他们会坚持做好吗？有这样一个场景，汉堡肉饼烹饪到"接近"正确的温度，仅有一点夹生，员工可以认为是足够好了。假设汉堡是被大肠杆菌 O157：H7 污染过的，那将会导致悲剧性的结果。一旦涉及食品安全，建立明确的预期目标便显得至关重要。否则，行动、产出或者结果将有可能出现偏差。

正确的食品安全态度

在建立食品安全预期目标时，首先可以做的就是要求员工对食品安全有一个正确的态度，它应该与企业的理念和价值观一致。我知道，你不能强迫别人树立正确的食品安全态度，但你肯定可以提出要求并且规范它。例如，是不是企业员工普遍认为所有食源性疾病都是可以预防的，或者他们认为某些食源性疾病是不可避免的？建立一个"食源性疾病都能预防"的预期目标，并将其清楚地传达给企业的每个员工，要求他们各负其责生产安全的食品，并将其安全保存。

企业中的团队成员是否认为每次检查过程中出现一定数量的重大违规是可以接受的，还是他们奉行了企业的零容忍理念，认为一个重大的违规也不能接受。

我意识到我们生活在一个不完美的世界,没有所谓完美的事物,但一些企业和个人总是要求自己做到更好。一般来说,一旦某个事件被企业容忍了一次,它会更加频繁地发生。如果企业能容忍每次检查时出现两到三次重大违规,那么它的商铺食品安全和卫生通常就会处在每次检查出现两到三个重大违规的水平。假如企业对重大违规持零容忍态度,那么重大违规行为将不太常见,并且团队很可能会努力做得更好。

应使员工对食品安全有一个正确的态度,因为拥有正确态度的员工将更可能采取正确的行动。此外,无论我们是否意识到,每一天每个员工都会影响到那些他身边的人。如果他们对正确的食品安全和卫生程序有着消极的态度,那么无疑这种态度通过他们所说的和所做的,显而易见地对别人表露出来。相反地,如果他们表现出对食品安全的积极态度,食品安全绩效将成倍增加,这是因为他们对周围人产生了积极影响。

具体——不要笼统

当谈及食品安全绩效时,零售食品企业中普遍的一个错误是表述不清期望自己员工做的事情。食品安全绩效预期目标应该是明确的、具体的,而不是笼统的。不要用有趣的、吸引眼球的口号来描述你希望员工做些什么。虽然像"食品安全在你手中"或"思考安全"这些口号听起来朗朗上口,但它们并不十分有效。它们的本意是什么呢?它们并没有告诉雇员必须做些什么来维持食品安全。理想情况下,食品安全预期目标应该是客观、可见的,并与具体任务和行为相关。

多年来,我一直在同美国及世界各地的食品零售业的员工们交流。当我跟他们谈到食品安全问题时,我发现很多人真的有兴趣尝试去做正确的事。相比简单地用朗朗上口的口号训诫他们去思考食品安全,他们期待有更多的方式,比如告诉他们必须做到哪些具体细节才能保证食品安全。没有具体细节来支撑的漂亮短语或时髦口号不如不用。用清楚和通俗易懂的语言,告诉你的员工他们需要怎么样制作和提供安全的食品。

从食品法典开始

在美国,当要建立食品安全预期目标时,食品药品监督管理局的食品法典

(2001年)是一个很好的参考。该法典的目的是保障公众健康,确保提供给消费者安全的、不掺假的、真实呈现的食品。该食品法典是许多个人、机构和企业共同积累、合作的成果。对于企业来说,它不应该仅仅被视为一个规范性的文件。它应该被当做一个实用的、有科学依据的指南,帮助企业及其员工制定食品安全绩效目标。如图4.1所示,食品法典列举了一系列问题,但大多数基于行为的食品安全预期目标都能在第2章和第3章中找到,食品零售业员工应该了解并做好这些行为。这些章节涉及的问题涵盖了从员工的健康到个人卫生(包括双手作为食源性疾病的传播媒介),乃至控制食源性致病菌所需的时间和温度。

```
第1章   宗旨和定义
第2章   管理和人事
第3章   食品
第4章   设备、器具及布料制品
第5章   用水、管道及废弃物
第6章   物理设施
第7章   有毒有害物
第8章   遵守与执行
```

图4.1   美国 FDA 法典目录

制定基于风险的预期目标

就像生活中的许多领域一样,在建立食品安全目标时,你需要确立优先次序。在任何食品零售企业,都期待雇员完成多项职责。在它们当中,如何正确完成那些已经得到科学证实的与食源性疾病相关的任务、做法和行为,都应该有明确的阐释。换言之,建立基于风险的食品安全操作预期目标。

完备的食源性疾病监测数据以及食源性疾病的致病因素,往往被当作非常重要的信息,监管机构需要根据这些信息来更好地建立监管重点,协助资源的良好分配,以及为新的法律法规的制定提供依据(Guzewich, Bryan & Todd, 1997)。这些信息对于工业界来说也是极为重要的。事实上,它为工业界理性地建立食品安全风险管理战略和优先事项——包括绩效目标提供了重要基础。

如图4.2所示,疾病预防与控制中心(Olsen, MacKinnon, Goulding, Bean & Slutsker, 2000年)报道的流行病学数据归纳了五种在食品零售企业中最常见的导致食源性疾病的风险因素。这些风险因素与加工过程和员工操作紧密相关,也与一些特定的员工行为相关。因此,至关重要的是,与这些风险因素相关的预期目标能够被准确地阐释和传达。因为风险因素的归类是宽泛的,如个人卫生欠佳或保持温度不够,所以一种风险因素与多种操作和行为相关。

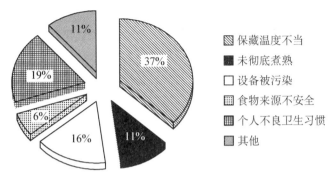

保藏温度不当
未彻底煮熟
设备被污染
食物来源不安全
个人不良卫生习惯
其他

图4.2　不同诱因导致的美国食源性疾病爆发数量(疾病预防控制中心,1993～1997)

在建立食品安全目标时,相对于列出笼统的食源性风险因素,详细说明与特定操作和行为相关的风险因素更为有效。如图4.3所示,与其声明员工必须遵守良好的个人卫生习惯,还不如直接告诉他们如何实行。具体来讲,员工应该知道如果他们正在经历(或近期发生过)胃肠道症状,如恶心、呕吐、发热或腹泻,就不得进行与食品、饮料、设备或器具相接触的工作。同样,他们应该知道不可以用手直接接触即食食品。反过来说,对于所谈到的特定操作或食品,员工应该知道是否需要使用一次性手套、即抽纸巾或者其他合适的工具。他们应该知道何时以及如何正确地洗手。应该有一个明确的规范,告诉员工在食品加工、储藏和器皿清洗区域不可以吃、喝、嚼口香糖和抽烟等等。

食源性风险因素(通用)	预期行为(特定)
不良个人卫生习惯	如果出现胃肠道疾病症状,如恶心、呕吐、发烧或腹泻,不得进行与食品相接触的工作
	不可直接接触即食食品,要使用一次性手套、即抽纸巾或其他合适的器具
	在以下情况下务必在指定洗手槽用肥皂和温水洗净双手:上岗工作前或短暂休息回来后;使用洗手间后;更换一次性手套前后;咳嗽、打喷嚏或使用手帕后;进行与食物、饮料或餐具相接触工作前

图4.3　与风险因素相关的具体行为

换另外一种方法阐述,与其告诉员工将食品保持在合适的温度,不如告诉他们如何具体操作。比如,在接收易腐败食品时要检测温度,并记录在装箱单上。

装箱单要保存至少 30 天。拒绝接收没有在 5℃①以下保存的食品。收货后及时冷藏食品。冷藏食品在 5℃以下保藏，而热的食品则需保温在 60℃以上。应该明确规定员工测定食品温度的方式、频率、记录位置以及如何处置不符合既定标准温度的食品等等。

高于法规要求

虽然监管的标准越来越严格，但是这些标准往往是最低要求。在制定食品安全目标时，需要考虑的比法规标准（食品法典中的规定）和疾病预防与控制中心总结的食源性疾病致病因素更加全面，与食品安全相关的其他因素也要考虑。

为了说明这一点，我们来谈谈食物过敏的问题。食物过敏呈现上升趋势，美国每年出现食物过敏急诊达到 30 000 例，死亡超过 200 例。目前科学界一致认为，大约有 1 千 2 百万美国人正遭受食品过敏的困扰。可以想象，在这些人群中，很多人是外出就餐的。事实上公布的研究表明，许多食品过敏反应发生在餐馆，有些甚至导致了死亡。虽然食物过敏在很多法规标准中都未提及，但是食品零售场所的员工应该清楚知道如何处理食物过敏。比如，一线员工和服务员应当知道在遇到食物过敏的相关问题时，要停下来，认真对待，并让主管的厨师或相关人员来处理问题。公司的管理人员或者厨师长应当知道哪些食物被认定为主要过敏源，如何降低无过敏和有过敏食物之间交叉接触的可能性等等。

让我们来谈谈食品防御问题，有时也被称为食品安保，以说明法规标准中没有出现的其他预期目标。企业员工是否清楚如何处理被顾客退回来的食品，不管这产品是不是密封包装？当发现陌生人或未经授权人员出现在厨房或食品仓库区域时，他们是否清楚应该如何处理？

显然，当企业制定食品安全绩效目标时，不能仅以满足法规要求为目标。全面考虑员工应该知道的关于食品和风险的所有事情，并且明确规定员工应该如何做。

记录规范

食品安全预期目标应该记录在案，以确保这些信息是清晰的，并且是一致的。

---

① 注：原文为 41℉，书中根据中文阅读习惯已全部换算成摄氏度单位。

至少,食品安全预期目标应当被记录在核心文件中。如果食品安全目标可以与操作手册或程序等结合起来,则更好。

如前所述,虽然食品法典和食源性疾病风险因素对建立食品安全目标非常有用,而且有一定的科学指导意义,但是它们不是以员工易于理解的通俗化、人性化的语言记录的。实际上,食品法典长达 600 多页,语言极其专业,员工并不易理解。因此,必须以一种易于员工理解的方式,详尽地记录食品安全预期目标。

图 4.4 列出了制定食品安全操作规范时应该遵循的四项指导原则。第一,食品安全目标要简单明了。为了让事情简单化,很多时候需要付出巨大努力。复杂的目标或任务是不太容易被正确理解和执行的。应尽力设计或制定操作规范,以使其简单明了。这将大大增加食品安全目标被理解和正确执行的可能性。第二,食品安全绩效目标应该是明确的。只有目标明确,员工才更容易理解以及履行自己的职责。第三,食品安全目标应该是以风险为基础的。如果目标是基于风险的,并且跟踪它的实施情况,那么爆发食源性疾病的可能性就会降低。第四,食品安全绩效预期目标应该是相关的。只有目标是相关的,员工才能够明白为什么他们要这样做,这样就会增加他们认同目标并且做好它们的可能性。

食品安全绩效目标应该简洁
食品安全绩效目标应该明确
食品安全绩效目标应该基于风险
食品安全绩效目标应该相互关联

图 4.4　食品安全绩效目标指导原则

一旦已经确定并记录下所有的食品安全目标,你应该与你的员工们分享;其中的一些目标,你需要提供教育和培训。它是建立基于行为的食品安全管理体系的下一个步骤。

本章重点

- 员工表现不好的主要原因之一是不知道对他们的要求是什么。
- 建立基于行为的食品安全管理体系的第一步是要确保食品安全预期目标是明确的、可实现的,并能被全体员工理解的。
- 食品安全目标不仅是明确的和可实现的,而且要是高质量的。目标的质量会影响你以及周围人的行动质量。

- 要期待员工以正确态度对待食品安全,与企业的理念和价值观达成一致,因为正确的态度将增加行动成功的几率。
- 食品安全操作规范应该是明确而具体的,而不是笼统的。不要企图利用有趣的和吸引人的口号来期望员工遵循规范,除非用具体的细节做支撑。
- 在美国,食品药品监督管理局颁布的食品法典对于制定食品安全目标是一个实用的,并以科学为基础的指南。
- 在员工要履行的职责中,确保那些与食源性疾病相关联的任务、操作和行为有明确的规定。
- 理想情况下,食品安全目标应该超越纯粹的管理法规要求,如增加食品防护和食品过敏等。
- 为了确保食品安全目标是明确的和一致的,应该将目标记录在案。

5 教育和培训对行为的影响

我不能教会任何人任何事,我只是让他们思考。

——苏格拉底(公元前 470～公元前 399)

　　为了使员工履行某些预期的食品安全行为或者使企业的食品安全绩效达到一定水平,食品安全专业人士通常把培训作为解决方案。事实上,培训(以及检测和检查)是食品安全领域最常用的三种工具之一。对美国公认的食品安全权威专家们的调查结果也证实了这一点(Sertkaya,Berlind,Lange & Zink,2006 年)。专家组被要求列出美国十大食品安全问题,如图 5.1 所示,在列出的所有潜在的问题中,缺乏员工培训首当其冲。

食品安全问题	投票百分比
1. 员工培训不足	94%
2. 原材料污染	75%
3. 车间和设备卫生条件差	75%
4. 车间设计和结构不合理	75%
5. 没有预防性维护	69%
6. 难以清洁设备	63%
7. 车间后处理污染	63%
8. 加工过程中污染	56%
9. 个人卫生差	56%
10. 标签贴错	44%
11. 被返工产品污染	31%
12. 冷却不足	31%
13. 生物膜	25%
14. 仪器知识掌握不足	25%
15. 虫害控制较差	25%
16. 水管闭塞导致积水	25%
17. 管道和仪器中的冷凝水	19%

图 5.1　各部门票选食品安全问题排名

　　但是食品安全培训真如人们所说那样,是引起食品安全的头号问题或者解决食品安全的杀手锏么? 我想许多食品安全专业人士可能联想到这样一个场景:某个员工已经接受了做某件事的良好培训,但是他们却没有做到。为什么呢? 因为行为改变并不是像提供培训那么简单。我们知道并不代表我们能做到。如果知道就能做到,我们大部分人都会吃的更少,开车更慢一些。行为的改变是一个复杂和困难的过程。不过请不要误解,我并不是反对培训,我知道培训是至关重要的。然而,就培训引起的行为改变而言,我们应具体事例具体分析,而且在基于行为的食品安全管理体系中,其各组成部分相互影响,培训只是其中的一部分。

本章并不是对培训策略或者培训原则的概述。有关该领域的参考文献已经非常多了。其中《职业安全与健康管理培训指导》(OSHA, 1998 年)是不错的参考书。尽管这些指导原则强调的是职业健康和安全问题,但是他们的培训模式,如图 5.2 所示,也可以用来解决食品安全问题。

```
1. 确定培训的必要性
2. 确定培训需求
3. 确定目标和目的
4. 设定培训内容
5. 组织培训
6. 评估培训效果
7. 改进培训项目
```

图 5.2　职业安全与健康管理部门的培训模式

而在本章的其余部分,我们将回顾一些重要的概念,我认为评估培训在基于行为的食品安全管理体系中的作用时需要考虑到这些内容。

教育与培训

在食品安全领域,人们经常讨论食品安全培训。例如,人们经常谈论食品安全培训项目、食品安全培训策略以及食品安全培训证书。然而,人们却很少谈到食品安全教育。其实教育和培训是不同的。事实上,在我们今天的职业生涯中,这些词语经常被用错。今天大部分所谓的食品安全培训其实是食品安全教育。请记住,我们使用的词语和如何使用它们是非常重要的。所以让我们花点时间来总结食品安全培训和食品安全教育的差异。

我想通过以下方式阐述食品安全培训和食品安全教育的区别。食品安全教育通常涉及食品安全相关信息的传递,例如食源性危害、监管标准以及公司对团队、个人或者员工的政策。它通常是由一位讲员在教室中讲授。例如,讲员可能传授员工一组有关食品的安全温度、潜在危害物以及与食源性疾病有关的特定微生物的知识。现如今,越来越多的食品安全教育可以通过网络来完成,现实中这经常被称为在线培训。但是实际上,无论是在教室里面还是通过网络完成的,这都属于教育,而非培训。一般来说,食品安全教育涉及的内容更加侧重于食品安全重要性的原因,而不是如何实现食品安全。

食品安全培训则不同,它涉及更多的是"如何去做"而不是"为什么做"。食品安全培训一般是一对一的、动手实践的、特定的并且是在岗完成的。它包括通过示范为员工讲解具体的工作任务和职责,在这些工作中应如何制作安全的食品以及如何安全贮存。例如,主管或者领导在新员工正式开始独立工作之前可能会先教他如何使用链式烤炉并在使用中牢记和遵循食品安全各项原则。新员工在学会如何使用以后,主管可能会要求他们在他(或者她)的监督下实际操作,以确保他们已经完全掌握了这门技术。这就是食品安全培训,是针对特定工作、特定操作任务的专门的培训,是需要动手实践掌握的。

看到这里也许您会有个疑问,食品安全教育和食品安全培训到底哪个更重要?答案是两者都非常重要。传授食品安全"为什么重要"对于传递知识和正确态度的养成至关重要。但是通过具体操作的示范来"教导"员工如何保障食品安全也是同样重要的。只教育而不培训是远远不够的。

为什么培训和教育

在确定培训和教育是达到某种预期结果的解决方案之前,首先要做的是进行全面的需求评估。企业为他们的员工提供食品安全培训和教育的原因多种多样。除了法规要求,公司也会出于自愿,以帮助员工学习工作所需的知识和技能。也许他们也希望改变员工的态度。这些都是非常重要和值得关注的目标。学识渊博的员工更加容易达到预期目标。毋庸置疑,员工们需要掌握其工作和保障食品安全所需要的适当技能。同时,对食品安全持正确态度也非常重要,因为正确的态度更容易形成正确的行为。简而言之,我们进行教育和培训的最重要的原因就是影响行为。

关注行为改变

众所周知,行为的改变非常复杂。所以在设计食品安全培训和教育教材的时候,必须使其有说服力,并且从行为改变的视角去设计。那么该如何做呢?下面我将给出两个很好的建议。

首先,你应该知道,一个人所感知到的风险促使他有意愿去执行某个操作或行为。因而,使员工真正认识到食品安全问题的风险以及可能导致的后果,是至关重要的。例如,你想让员工认识到洗手的重要性,但是他们没有洗手的习惯而且也没有看到这样做的严重不良后果,那么想达到这个目的是非常难的。当教育和培训员工时,你应当强调不遵守这些行为的严重性和潜在后果。但是你必须以巧妙和可信的方式去强调,而不是夸大其词,那样做将适得其反。

其次,当你在设计食品安全培训和教育材料的时候,要意识到个人的亲身经验和个案要比官方统计更有说服力(Slovic,1991 年)。这一点非常重要,因为我发现很多食品安全专业人员,当他们试图强调食品安全重要性的时候通常会引用食源性疾病的统计数据,而不是真实案例。亲身经历的案例非常有说服力,很多时候听众会从故事中的人物设身处地地联想到自己。相反的,通过统计数据他们就不会有感同身受的感觉。举个例子来说明这一点。你认为下面两个图表哪个更能让你深刻体会食物过敏的潜在严重性和重要性?图 5.3 列出了食物过敏的统计数据,图 5.4 中是关于一个母亲失去了她女儿的故事,她的女儿死于本来可以避免的食物过敏反应。如果是个案短片,则比文字更有说服力。

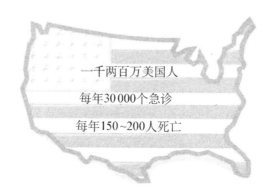

一千两百万美国人

每年30 000个急诊

每年150~200人死亡

图 5.3 美国食品过敏的消费者以及过敏反应数量

莎拉·韦弗的故事

1996 年 8 月 8 日,我的生活、我丈夫罗伯特的生活、我两个儿子的生活以及我们家族里每个人的生活都永远地改变了。那天我们全家赶往纽约,参加下午晚些时候的一个家庭婚礼。在一个简短的仪式之后,婚礼提供了一个豪华的自助餐。食物包括很多不同种类的点心。

沿着自助餐桌走了一圈,我们的女儿莎拉觉得没什么好吃的,她想在回家的路上吃点别的。我们打算分两辆车离开。就在我们道别的时候,婚庆公司的一个女员工从厨房里面走出来,手里拿着一大盘什锦饼干,并停下来为来宾提供饼干。莎拉问她饼干里面是否有坚果成分。她保证说没有,并且请莎拉尝尝。于是莎拉从盘子里拿了一块很小的饼干。

几分钟后,莎拉走过来问我是否带了碱式水杨酸铋(胃药),因为她感到胃里不舒服。我跟她说我没带,我问她要紧么,她说会没事的,一会家里见。我跟她吻别并告诉她要小心照顾自己,我爱她。我们坐电梯下到大堂,穿过大门,我发现莎拉站在走道上,双手背后弯着腰。

我问她怎么了,莎拉说觉得呼吸困难。她有哮喘病,所以呼吸困难对她而言不是普通问题。我立刻警觉,但当莎拉把哮喘药放进嘴巴的时候,又吐了出来。同时,我发现她耳朵边缘泛出蓝色。我感觉这并非普通的哮喘发作,一定是哪里出了错。我跑进楼里,并拨打了 911。几分钟后我跑回街上,我看到莎拉躺在我丈夫和儿子布莱恩的怀里。周围聚集了很多人。这时候我儿子马特被叫到楼下。

马特还有一个月就从奥尔巴尼药学院毕业（Albany College of Pharmacy），等他的行业考试结果出来以后就会成为注册药剂师。

马特看到莎拉喉咙肿胀、脸上出现皮疹，他意识到她已经出现过敏性休克。马特在街上疯狂寻找药店，想买到肾上腺素，可是药店都关门了。当他回来后，紧急医疗队已经到达，马特立刻告诉他们莎拉需要马上注射肾上腺素。

不幸的是，他们没有这种药物，只能等第二个急救队来。第二个急救试图使用药物，但是并没有效果。

莎拉没有再回复知觉，在心脏骤停了两次以后，被确认为脑死亡。莎拉在第二天早上 11 点45 分平静地离开了人世。

莎拉一直非常小心不吃任何含有坚果的东西，不是因为她觉得这会导致她死亡，而是因为坚果会让她觉得胃不舒服。多年来曾经有过几次"小事故"，莎拉吃了含有坚果的食物而感到不舒服，但是从来没有人告诉我们每一次事故后，过敏反应的严重程度会增加。

父母从来不曾想到自己的孩子会死去。每天早上我的第一个念头就是："上帝，让这一切只是一场噩梦，请让我走进莎拉房间的时候就能看到她还睡在床上。"我们永远无法弥补心灵的创伤，就算是再快乐的时光对我们来说也充满悲伤。节日里，尤其是莎拉最喜欢的圣诞节，更是苦乐参半。每当我看到新娘的照片或者是年轻的母亲抱着小宝宝的照片，甚至是一个女儿照顾着年迈的妈妈的照片，我都忍不住去想莎拉失去了多少时光。如果不是因为对上帝的信仰，不是因为相信莎拉正在天堂里做一个天使，不是因为相信我们迟早有一天会再团聚，我们可能都没有勇气撑过每一天。

我们的女儿曾是我们生活的阳光。莎拉热爱生活。在她去世后，很多人说她的笑容可以照亮整个房间，她对每个人都是那么纯真、善良和友爱，她继承了她父亲的品质，能看到每个人的优点，积极面对各种状况，享受生活中的点滴乐趣。

莎拉去世已经四年半了，这些日子里我每天都伴随着笑声和泪水。因为想起了和莎拉在一起的时光而笑，因为我们痛失了这么好的一个孩子而流泪，她给了我们太多的爱，她本应有着充满光明的未来。但是我不得不接受这个悲惨的事实，她再也不会出现在我们的生活中，哪怕只是短暂的瞬间。

图 5.4　莎拉·韦弗的故事

基于风险的培训和教育

正如上一章所强调的，考虑把食品安全培训和教育作为潜在的解决方案的时候，你需要建立优先等级。系统的食源性疾病监测数据，以及可能导致食源性疾病的因素，都可以帮助你合理地建立食品安全培训和教育的优先等级。在进行了初始的需求评估以后，那些从科学角度来说，可能导致食源性疾病的任务、活动或者行为，如果可以通过培训和教育得到改善，则应该被优先考虑。换句话说，创建基于风险的食品安全培训和教育。

尽管这个观点看起来很直观，但是人们并不是总能遵循。几年前，我购买和阅读了很多市面上常见的食品安全培训课程教材。我比较了每个课程的内容，想看看其中是否有 CDC 报道的零售业中最常见的导致食源性疾病的五大因素的相关内容(Olsen，MacKinnon，Goulding，Bean & Slutsker，2000 年)。同时我也想看看课程中是否强调了与这些风险因素相关的员工应做的很多准备活动和任务。令我惊讶的是，在这些课程中，几乎或者完全没有这些内容，甚至有些课程花费了大量的精力讲述与食源性疾病几乎不相关的内容。这带给我们什么信息呢？当进行食品安全培训和教育时，你应当确保将重点放在更具风险或者与食源性疾病紧密相关的主题、任务和行为上。

价值和尊重多样性

据报道，在美国，每四个从事食品服务行业的员工里面就有一个人不是以英语为母语的，并且这个趋势有望增长(NRA，2006 年)，随着全球化的不断扩大，这种趋势(需要与不同母语的人交流)在世界许多地方的食品零售企业中也在增长。为了培训这样多元化的团队，我们要不断地寻求有创造性的途径来加强培训和教育。

一个行之有效的解决方法是用员工的母语来进行培训和教育。也许有人会反驳说在美国所有的员工都应该用英语培训，因为一般员工都要求会讲英语。关于这一点我思量再三，我想尽管一个员工可能会使用基础的英语会话，例如"好的，先生"或者"谢谢"，但是他们对英语的掌握，可能还不足以理解一些食品安全专业人士讲授的更为复杂的安全流程。比如说试图教会某个学员冷却食物的过程：首先在两个小时内从 60℃降到 21℃，然后再在四个小时内将温度从 21℃降到 5℃，如果他们没有真正理解这种语言的表述，那么对他们而言这个是非常难以做到的。正因为如此，我提倡使用母语来培训员工，或者使用食品零售业员工们较多使用的语言。

另外一个提高非英语母语员工培训教育效果的方法，是把食品安全的想法和理念转化为图片、标志和图画等可见的形式。毫无疑问，可视化的教学能够提高学习效率，有助于沟通交流，尤其对于讲不同语言的人。所以当你在为多元化员工队伍设计食品安全培训和教育材料的时候，请一定要使其可视化。

使其简单，便于操作

拉尔夫·沃尔多·爱默生(Ralph Waldo Emerson)曾经说过："能够把复杂的问题简单化的人是教育家。"对食品安全培训和教育而言，我认为这个观点千真万确。真正的食品安全教育者应能把复杂的食品安全科学简单化。换言之,他们能够把一个复杂的科学道理变得容易让人理解、接受和记住。

当开发食品安全项目和设计工作程序时,你应该尽量使事情简洁。复杂的概念和任务不太容易被理解和执行。如果一个概念过于复杂,员工们会觉得很难跟上或者真正理解。此外,如果一个程序过于复杂,员工可能会试图走捷径去完成。别忘了,有时候做得巧就会事半功倍。不要太在意培训时间应该有多长,而是专注于用一种高效、有效和简单的方式去传授知识。我认为培训课程时间过长一直是食品安全教育者所犯的最大的错误之一。无论是青少年还是成年人,注意力的持续时间都是有限的,如果培训课程又长又枯燥,学员就会开小差。所以应当注重内容的简洁性以及有效性,而不是时间长短。

如前所述,培训和教育可以通过图片、标志以及画图来提高效果。善于学习的人都知道通过可视化可以加速学习和促进沟通。这就是人们常说的:"千言不如一画,百闻不如一见。"

除了视觉以外,教育者还应该使用其他方法吸引人们的注意力,如听觉、嗅觉、味觉、触觉等。研究表明,当口头的或者书面指导与两种或者两种以上其他感官方法综合使用的时候,效果更加显著(OSHA, 1996 年)。

最后,为了能够把食品安全的概念和想法从文字转化为图像,教育者应该努力使教育和培训的过程更具有参与互动性和实际操作性。正如中国古代的一句谚语,"听而易忘,见而易记,做而易懂"。让员工参与到学习过程中去,他们才能更加容易理解和记住你想要教给他们的知识。

尽管本章并不是想对教育和培训的策略或者原则进行概括总结,但是在评估教育和培训在基于行为的食品安全管理系统中的作用的时候,应当考虑本章强调的观点。但是仅有教育和培训并不一定能够改变员工的行为。请记住,以行为为基础的食品安全管理体系包含一系列交互作用的组成部分,教育和培训只是其中的一部分。我们接下来要讨论的是这个系统中的另一个组成部分——"交流"。

本章重点

- 为了使员工履行某些预期的食品安全行为或者使企业的食品安全绩效达到一定水平,食品安全专业人士通常把培训作为解决方案。但是应认识到培训过程中和培训本身并不能改变人的行为。

- 理解食品安全培训和教育的不同是至关重要的,并且两者都需要做。

- 食品安全教育通常涉及食品安全相关信息的传授,例如食源性危害,监管标准以及公司对团队、个人、或者员工的政策。

- 相对而言,食品安全培训包括通过示范为员工讲解具体的工作任务和职责,在这些工作中应如何制作安全的食品以及如何安全贮存。

- 行为的改变非常复杂。所以在设计食品安全培训和教育教材的时候,必须使其有说服力,并且从行为改变的视角去设计。

- 因而,使员工真正认识到食品安全问题是存在真正的风险和真实的后果的,这一点至关重要。

- 要意识到个人的亲身经验和个案要比官方统计更有说服力。

- 当进行食品安全培训和教育时,你应当确保将重点放在更具风险或者与食源性疾病紧密相关的主题、任务和行为上。

- 零售业的劳动力日益多元化,应尽一切可能将食品安全概念和想法从文字转化为图像。

- 你应该尽量使事情简洁。复杂的概念和任务不太容易被理解和执行。

有效地进行食品安全交流

与人打交道的时候，你是在和一个感情生物打交道，
而不是逻辑生物

——戴尔·卡耐基(Dale Carnegie，1888～1955)

如果你想了解关于 19 世纪 40 年代的文化,你会怎么做? 大多数人可能会去翻阅那个年代的报纸、杂志和电视短片。为什么呢? 因为众所周知,我们每天看到的、听到的以及我们读到的,也就是我们进行交流的内容,都是一种对文化的反映。从本质上说,交流和文化正如一个硬币的两面。

对食品安全而言,这个原则当然也是正确的。你可以通过企业是否对食品安全进行交流来判断该企业的食品安全文化。如果企业定期与员工分享和交流食品安全的话题,那么食品安全就可能是他们企业文化的重要组成部分。以下几种情况可以明显看出企业对食品安全的重视:企业领导经常在会议上对员工讲到食品安全和卫生的重要性;公告栏和工作区域有食品安全标志或警示;企业简报中有关食品安全的文章。最起码,当你第一次走进这个企业的时候,可以明显感受到食品安全很重要。相反的,即使一个企业声称食品安全是重要的,但是你在企业会议、简报、标志上看不到任何相关内容,那么很可能食品安全并没有真正成为企业文化的一部分。企业和领导者更倾向于谈论对他们而言更重要的话题。

交流的重要性

为什么沟通如此重要呢? 我们都听说过这样的话:"笔利于剑。"那是因为语言是有力量的。语言既可以挑起战争,也可以促进国家和平;语言激发了很多壮举,让人们信仰比自己更加强大的东西;语言可以激发创意、解决问题。语言可以让人受到伤害,但也可以让人得到鼓舞。语言也可以协助教育,而且更重要的是,语言可以影响行为。

既然语言如此强大,那么我们当然可以用它们来提高食品安全。在本章的其余部分,让我们探讨一下交流为什么是以行为为基础的食品安全管理体系的重要组成部分,以及如何有效地进行食品安全交流。

运用多样化的媒介

从前食品安全专家赖以交流和沟通食品安全信息的媒介是有限的。有趣的是,尽管有各种各样的媒介可用于交流食品安全信息,但是最近英国的一项研究表明,当地监管部门最常使用的媒介是传单,比例高达 93%(Redmond & Griffith,2006 年)。如今大部分企业里都具备其他多种形式的媒介,例如传单、海报、简报、标志、视频、公司的电视频道、内部网络等等。在很多企业中,这些媒介大部分没有得到充分利用,甚至根本没有被使用。企业不应该只使用一两种媒介去交流食品安全信息,而应该充分利用多种媒介以确保至少部分信息能真正触及员工。即便内部研究数据表明选择一种通信工具,例如内部简报,作为交流媒介即可,但是我还是建议宁繁勿简。使用多种媒介会使食品安全信息得到更广泛的传播,员工也会多次看到或者听到这些信息,从而使信息强化。

企业可以通过使用多种媒介强化食品安全,使之成为企业文化的一部分。下面我将阐述这一观点。试想,如果一个企业选择了一种最为原始和最受欢迎的媒介——公司简报作为交流工具,那么员工能够得到食品安全提醒的唯一机会是他们碰巧看了公司简报,并且注意到了这篇关于食品安全的文章。相反,试想如果另外一个公司不遗余力地采用多种媒介进行信息轰炸,使得食品安全的声音不绝于耳。例如,上班打卡的时候员工会看到食品安全信息的标志或者符号;当他们走在走廊里的时候,会看到墙上贴着食品安全的海报;在员工工作车间,他们会看到与所从事的工作或程序相关的食品安全可视化提醒;当他们休息的时候,拿起公司的简报或者收看公司的电视频道,他们会看到食品安全提示,这些提示在家里也适用。这两个企业你认为哪个拥有更强烈的食品安全文化?的确,在后面一个企业中,员工们不由自主地去考虑食品安全问题,因为这些信息一直出现在他们周围。使用多种媒介进行食品安全信息交流的企业更加容易将信息传递给员工,并表明食品安全是他们企业文化的重要组成部分。

海报、标志和口号

海报、标志和口号是食品安全信息交流比较常见的形式。但是这些真的能够有效地提供指导和影响人们的行为么?这取决于他们是如何被设计和使用的。行为研究表明,那些笼统的信息,如果不是针对特定行为提供的指导或者没有提及后果,则对目标行为几乎没有什么影响。我们应该牢记这个原则,很明显如今职场中的很多海报、标志和口号往往忽视了这一点。例如,许多食品零售企业常犯的错误就是将模糊的或者不清楚的信息传达给员工,信息中没有明确指出他们希望员工做些什么。

我这里有四条小技巧,可以使你的食品安全海报、标志和口号更有成效。

具体化——食品安全的海报、标志和口号应该是明确和具体的,而不是笼统的。忘记那些虽然顺口、吸引眼球,但是没有描述出你对员工要求的口号。尽管像"食品安全掌握在你手中"或者"谨记食品安全"这样的口号也许听起来朗朗上口,但是它们并不是非常有效。它们的意义何在?它并没有告诉员工应该怎么样做来实现食品安全。比较理想的情况应该是食品安全信息是客观的、可观察的、与特定工作任务相关的,是你想让员工做到或者避免的标准或者行为。

位置——特定的信息不仅要告诉员工需要做什么,并且要放置在行为发生的场所,这样信息才能发挥最大效用。例如,将"如果你生病了请不要来工作"的信息放在打卡机旁边,将"不要直接用手接触"的提示放在食物准备台上。我用一个非食品安全的例子来阐述这一观点,想象你看到了"地面湿滑"的警示牌,但是牌子并不是放在湿滑路面附近的。你认为这个信息还有效果么?同样,位置对于食品安全信息也是十分重要的。

简洁——避免繁冗复杂的符号、标志、信息过多的海报、文字或者图片。简洁明了是最好的。尽可能地使每条信息只表达一种应该做或者应该避免的行为。在这个信息满天飞的时代,有太多的东西吸引着我们的注意力。冗繁复杂的信息不容易被快速理解,所以不容易引起我们的注意,因而被忽视。

改变——有时候信息必须经过修订和改变。同一条信息在同一个地方被放置太久就会被淹没在背景中,员工就不会再注意到这条信息,除非是企业新发布的信息。他们会变得麻木。因此,有时候你需要把信息整合起来,引入新的标志、符号和海报去继续吸引员工的注意力。

不仅仅使用语言

如上一章所提到的,预计在未来的几年里,美国餐饮业中将有越来越多的员工的母语不是英语(NRA,2006 年)。随着全球化的不断深化,这种趋势(需要与不同语言的人交流)在世界其他地方也在不断增长。

如何有效地与非英语母语的人交流是很关键的。方法之一是通过图片使想法和概念可视化,因为可视化可以促进沟通。事实上,这就是为什么我们经常听到一句话:"千言不如一画,百闻不如一见。"

纵观人类历史,使用简单的绘画或者图片来与他人交流的方式早有记载。据估计,公元前五万年出现的洞穴绘画或雕刻就是最原始的交流方式。如今,标准化的绘图,例如一些符号或图标,在一些不同文化背景的人聚集的场所,仍然是重要的交流工具,例如奥运会、国际机场、主题公园或者交通标志的指示牌等。

那么标准化的符号或者图标可以用于食品安全信息交流吗? 当然可以! 正如华特·迪士尼早年所说:"我们用于大众传播的所有发明中,图片是最能被普遍理解的语言。"因此,2002 年,在国际食品保护协会下属的零售业食品安全与质量专业发展小组的赞助下,焦点小组测试了一套由专门工作小组设计的国际食品安全标志(如图 6.1)。国际食品安全标志是对重要食品安全任务的简单图像表征,无论一个人的母语是什么,都能够识别和理解它。

图 6.1 国际食品安全标志

尽管专门工作组没有规定这些图标的预期用途或者应用,但是这套国际食品安全标志是有效的视觉辅助工具,可以用于食品安全培训材料中重要食品安全概念的交流,作为食品和饮料工作区的标志或提醒,被用在食品制备和储藏设备、食谱卡片或者食品包装上。

当进行食品安全交流时,请记住图片有时候比语言更加响亮、更有效。

谈话

当你打算建立一个食品安全交流计划,你是只简单地思考与员工沟通的方式,还是在寻找恰当的方式,让你们团队的领导、经理以及专业人士与员工进行食品安全方面的交谈? 与员工说话和与他们进行食品安全交谈完全不同。交谈可以帮助我们打破障碍、增进了解。为了说明这一点,先想一下最能说服你的老师或者教练。他们只是简单地和你讲话么(或者我应该说是对你发布命令)? 还是他们与你进行交谈? 如果你和我一样,最能说服你的老师或者教练一定是与你交流沟通顺畅的人。

我总结了食品安全交谈如此重要的三个原因。

首先,交谈增加了信息被理解的可能性。试想,当你有一个重要的信息要传递,你会留个字条或者写在小册子上么? 当然不会。你会亲自去说,因为你要确保这条信息被正确地理解。第二,交谈是参与性的而不是单方面的。与员工进行食品安全交谈,你可以了解到他们对这个问题的看法和疑问。换句话说,你可以听到他们的说法,而不是一个人从头讲到尾。再者,交谈有利于突破壁垒,促进人与人之间的相互联系——塑造文化的一个重要部分。

提出问题

当你想要制定食品安全交流计划的时候,你的计划中是否包括倾听员工的声音? 还是仅限于你想与他们分享的内容? 我们都听说过沟通是双向的——谈话和倾听。倾听和学习最好的方式之一就是提问,正如多萝西·利德(Dorothy Lead,2000)在她的《提问的七种力量:生活中和工作中成功交流的秘诀》一书中所写到的:"每当你张开嘴巴要说话的时候,你有两个选择:表述一个观点或者提出一个问题。"

从食品安全的角度而言,为什么提问题这么重要? 尽管有很多有力的理由,但是我总结了两点最重要的原因。首先,把提出问题作为你的食品安全交流计划的一部分,你可能会发现潜在的问题和机会。你的员工可能对会议或者某些需要遵循的标准存在质疑,而你并不知道。通过员工在谈话中的提问和参与,你就有可能发现这些问题。其次,这会让你的员工感到他们所想的和所相信的是很重要的。除非你让食品生产和服务的每个员工都充分参与,否则你的食品安全计划不会有效果。让员工参与共同解决问题,有利于塑造和强化你们的食品安全文化。

提出巧妙问题的机会比比皆是。例如,食品安全专业人士应该在进行食品安全审核或检查的时候提出巧妙的问题。如果某个标准或者行为没有被实施,不要只是简单地在检查表中标注一下,而是应该提出问题并弄清楚原因,从而带来培训或教学的机会。不应该提出"陷阱"类的问题,故意去抓别人犯的错误,而是应该使他们真正产生好奇去理解这个问题,这样他们才会对找到解决方案有帮助。食品安全教育者应该在培训课程中提问。通过提问,可以确保上课的学生真正理解材料,并且使培训更有参与性。企业的领导和管理人员应该在会议或者巡视的时候提出食品安全的相关问题。最后但并不是最不重要的一点,偶尔你也可以通过书面的调查问卷来衡量你的食品安全文化的力度(图 6.2)。通过这种方式,你能够使所有的员工参与进来,并且定量地衡量一段时间之中企业食品安全文化强度的变化。

```
1 到 5 等级评分(1=高度不同意   5=高度同意)

1. 新进员工在工作之前接受食品安全培训
2. 我已经接受过足够的食品安全培训,足以做好我的工作
3. 食品安全的规范和程序定期发给员工
4. 我的经理对我进行食品安全实践的训练
5. 员工有关食品安全的建议被执行
6. 食品安全的规范和程序是员工应遵守的
7. 在我的部门定期进行 HACCP 检查
8. 当健康部门来的时候,我们的标准和操作不改变
9. 严格执行食品安全检查
```

图 6.2   食品安全文化的调查问卷举例

食品安全交流的内容以及方式都是至关重要的。应确保花一定时间和精力建立正确的交流计划,这是以行为为基础的食品安全管理体系的重要组成部分。否则,将不利于有效地塑造和影响员工的行为和企业文化。

接下来,我们将讨论目标和评估对提高食品安全管理的作用,也就是基于行为的食品管理体系中的下一个步骤。

本章重点

● 你可以通过企业是否对食品安全进行交流来判断该企业的食品安全文化。

- 语言是有力量的。语言既可以挑起战争,也可以促进国家和平。语言激发了许多壮举。所以,我们应该意识到语言能够影响食品安全行为。

- 使用多种媒介交流食品安全信息,能够增加信息传递给员工的机会,也能凸显食品安全是企业文化的重要组成部分。

- 食品安全海报、标志和符号经常没起到作用。为了使之有效,它们应当简洁、内容明确、被放置在预期行为发生的场所,并适时做些改变以防止员工对其麻木。

- 不仅仅是使用文字,应采用多种手段。预计在未来的几年里,食品服务行业中将有越来越多与不同母语的人交流的需要。其中一种方法是使食品安全想法和概念通过图片和绘画变得可视化。

- 不要只是简单地向员工讲述食品安全,应该与他们进行相互交谈。交谈是参与性的而并非单方的。交谈可以使你了解员工对于食品安全的忧虑、问题和想法。

- 你的食品安全交流计划中应包含提问部分。通过提问,你可能会发现你没有注意到的潜在的问题和机会,使员工参与并共同解决问题。

7 建立食品安全工作目标和检查

人是一种寻找目标的动物，他生活的意义仅仅在于是否正在寻找和追求自己的目标。

————亚里士多德（公元前 384 年～公元前 322 年）

所有有意义的进步都起始于简单的目标设定。例如,它可能只是起始于把某件事情做得更好的想法。我们应确定想要加以改善或实现的状况,并据此制订行动计划。在实施过程中,我们还应随时检查以监控工作进展,并在必要时进行调整。毋庸置疑,设立目标和相应的业绩检查是持续进步过程中的重要组成部分。

但是,只有目标和检查是不够的。仅仅通过设定目标或建立检查体系就可以让事情自动变好是过于简单的想法。无论是在工作上还是在家里,我们都有很多没能完成的目标,这是为什么呢? 因为目标和检查本身不足以提高业绩。比如说,你许过新年愿望么? 新年愿望是一个目标,但是它本身不能让事情变得更好或使情况有所改进 。想必很多人都听说过或者经历过没能实现的新年愿望吧。再来想想那些你可能已经意识到,但是并没能影响你的行为或者进程的检查体系。是不是会有人在减肥计划中每个星期都进行称重,但是体重却从来没有减轻? 这又是为什么呢? 显然每个星期的称重行为并不能保证减肥成功。

制定目标和相应的业绩检查体系是实现目标的关键要素,同时对下一步建立基于行为的食品安全管理体系也至关重要。但必须正确制定和使用才能保证有效果。因此,让我们在此论述,为了提高企业工作绩效而建立和使用食品安全工作目标和检测体系时,应该考虑的要点。

制定食品安全工作目标的重要性

改进行为并取得成果是设立目标的首要目的。当正确设立和使用目标时,就能取得可观的工作绩效。有文献报道,目标的合理使用可以提升高达 75% 的工作绩效(Pritchard, Jones & Roth, 1988 年)。虽然这些研究和食品安全无关,但其原理是相通的。目标可以有效改善食品安全状况,使员工更加遵守规定,并减少食源性疾病的风险。

目标是有效的,因为当设定合理时,它就是理想绩效或行为的有力先行。先行是指发生于某个行为之前,并包含行为后果信息的事物(Daniels & Daniels, 2004 年)。因此,仅仅只有目标不会带来业绩的提升,除非它始终与后果对应出现。这种设立和应用目标的方法以行为分析学研究领域的 ABC 模型为科学依据(图 7.1)。设想一组员工通过努力工作达到了既定目标,却没有积极的回报。也就是说他们的成果没有得到认可,或者他们的业绩没有受到奖励。那么,你认为这个目标可以有效地激励员工么？显然不能。因此,在设立食品安全工作目标时,应当与后果相匹配。

> 先行:行为→后果

图7.1 ABC模型

制定有效的食品安全工作目标

许多企业和公司在制定目标时都有自己的方法。然而,我们都听说过有些目标没能实现。虽然可能有正当理由,但是,目标本身设定不合理是最常见的原因之一。我总结了以下5个需要在制定食品安全工作目标时考虑的要点。

制定可实现的目标——把目标定得太高是制定目标时最常犯的错误之一。当然,我知道,我们都听说过"延展性目标"这个词。我也相信我们需要制定比较高的目标,但绝非高到无法实现。制定无法实现的目标弊大于利。当员工觉得目标太高时,他们可能会觉得无法完成,因而不去尝试。换句话说,员工甚至可能还没有尝试去做你交待的事情就轻易放弃了。因此,目标要设定的高而可实现。当然,无需赘言,目标必须在个人或工作团队的掌控之中。

制定具体的目标——过于含糊或宽泛的目标都是无用的。举例而言,将目标制定为"改善今年的食品安全状况"对于大部分员工是没有意义的。这个目标并没有告诉他们你想要他们做什么或者在什么事情上做得更好。相比而言,想要在下一财政年度将内部食品安全审计分数提高一定比例可能是更好的目标。更理想的目标需要针对你想要改善的具体的行为或状况。比如说,你想要机构中最常见的违规频率或导致违规的风险系数降低20％。更具体地说,你可以规定希望看到某些具体行为的增加,例如要在需要的时候洗手,并量化。

基于风险制定目标——在食品零售场所或企业里,方方面面可能都需要设立目标,以此提升工作业绩。但食品安全工作目标要侧重于那些已被科学证实与食源性疾病相关的环境或行为。换句话说,要基于风险来制定食品安全工作目标,一旦目标实现,将进一步降低食源性疾病的发生概率。食源性疾病监测数据、已发表的食源性疾病诱因报告以及内部审计结果都可以作为重要的辅助信息,帮助你制定食品安全工作目标。

　　制定可检测的目标——不能定量检查的目标对于提高工作绩效是没有帮助的。如果没有测量方法，衡量一个目标是否完成就缺乏公正性。当针对某个特定行为或状况制定食品安全工作目标时，如果还没有现成的检查系统来跟踪工作进度，则必须建立。

　　记录目标——有人说过，没有写下来的目标仅仅是愿望。食品安全工作目标必须被明确记录下来并量化，并且和目标责任人共享。在目标完成过程中，需要经常对工作进展进行检查，并且给予具体的绩效反馈。

为什么要进行食品安全检查

　　如果没有检查，就不能改善食品安全状况，或者进一步降低食源性疾病的风险。只有通过检查，我们才能知道所属机构的食品安全状况是在好转、维持原状还是恶化了。

　　爱德华·戴明（Edwards Deming）曾经说过："你不能管理你无法衡量的东西。"只有当你通过检查来管理工作绩效时，这个观点才是正确的。如何利用检查的结果来改善食品安全状况，与检查本身同等重要，也可能更难做。我认为，检查本身其实是相对简单的部分，大部分食品安全的专业人员都被教过如何做检测。而通过检测来加强或管理工作绩效则是比较困难的部分，而且大部分的食品安全专业人员在这方面没有受过足够的教育和培训。例如，作为食品安全专业人员，我们会接受关于如何审计或者微生物检测的培训。我们也经常将审计结果做比较，以便知道是否我们检查了同样的事物或询问了同样的问题。但是我们很少谈及我们对这些食品安全检查结果做了什么，或是如何利用这些结果来达到预期的目标。

　　想想那些你可能知道或听说过的企业，包括监管机构，他们这么多年来实施检查并积累了庞大的数据。一些机构和企业只是逐字逐句的把成千上万的食品安全检查记录在纸上或数据库中，却没有最大限度地利用这些检查结果，也没能看到大量检查带来的，成几何级数的业绩增长。

　　我在此分享一些如何最大限度地利用食品安全检查的诀窍。

　　利用它们来发现做对事情的人——在零售业中所进行的食品安全检查历来被用于抓违规的人和事。但需要记住，在建立基于行为的食品安全管理体系时，你一定要换个思路。你需要从人类行为和动机的角度考虑你所做的一切，包括检查等。食品安全检查最首要的是用于发现做对事情的人，而非发现做错事情的人。当然,在食品安全检查中暴露出不符合标准的行为或状况时,就需要对其进行处理并纠正,但是也不要错失积极强化正确行为和状况的机会。

利用它们来进行趋势预测和比较——如前所言,如果没有检查,我们就无法改善食品安全状况或者进一步降低食源性疾病的风险。利用检查可以确定所属机构的食品安全状况是在好转、维持原状还是在恶化。举例来说,通过审计或HACCP检查,你可以逐月、逐年比较你所关心的特定风险因子等级。这些信息还能够帮助你识别那些没有按照预期进度开展的工作,并使你有针对性地采取干预措施进行改进。你也可以比较不同零售店的表现,从而判断某些门店是否做得更好。通过恰当的报告,也可以形成友好竞争并带来更好的表现。此外,通过适当应用技术系统采集检查信息,你可以建立更快捷的监控和数据挖掘能力,从而可以实时把握时机,对那些所关心的问题或者有错误倾向的工作更迅速地做出反应。

利用它们进行创新——即使你所属企业在改善食品安全状况方面已经取得了很大的成就,还是可以利用检查来寻找机遇,并为此创造新的解决方法。简单来说,创新是指引进新事物的行为。从食品安全的角度来看,在执行某个食品生产任务时,创新可以是一种新的或者更安全的生产方式。它可以是新型食品安全产品的使用,或针对极具挑战性状况的新方案。说到底,创新可以导致积极主动的变化,而这种积极主动的变化则可以带动更好的食品安全业绩。我们可以通过食品安全检查来识别这些机遇,然后对其进行着重分析,从而确定造成问题的根本原因。举例来说,一个企业的检测数据显示某个车间的员工反复进行可能导致交叉感染的不安全的操作,那么该问题的解决方案就未必是再培训了。经过进一步调查,解决方案可能是重新设计该车间的工作流程或车间本身。需要记住的是,我们要利用食品安全检查进行创新。如果没有创新和改变,就没有进步。

我们需要检查什么?

历史上,零售业的食品安全一度过于依赖对企业和食品生产的物理环境的检查。比如说,一个典型的零售食品安全检查包括对冷、热食品以及烹饪和冷却食品时的温度的审核。而且很可能还包括对砧板、食品设备和食品准备区域等设施和表面洁净度的目测观察。显然这些都是非常重要的。但是,历史上的零售食品安全检查太过于注重企业的硬件条件,而非操作行为或工艺流程。企业生产环境和食品的物理状态仅仅提供了企业的食品安全风险和状况的简单快照。研究表明零售食品安全检查评分和企业爆发食品安全事件的可能性之间没有相关性（Jones、Pavlin、LaFleur、Ingram & Schaffner，2004 年；Mullen、Cowden、Cowden & Wong，2002 年）。

　　为了全面评估一个零售企业的食品安全风险和状况，你需要做的远不止仅仅进行该公司和食品表面状况的检查。理想情况下，你还应该检查其他与员工行为和公司文化相关的因素，这些才是食品安全成功的关键。

　　为了全面评估零售食品企业的食品安全风险和绩效，下面列举了另外三个关键检查项目。

　　流程的检查——仅对终端状态检查是不够的。还需要进行流程的检查。尽管终端的物理状态，比如说食品的温度，是可以接受的，但它不能表明所得到的结果是由良好的生产流程造成的或者仅仅是偶然。它也不能表明是否所有的结果都始终如一。可接受的终端状态并不能呈现出生产全貌。Edwards Deming 博士非常清楚地表达了这个观点。流程的检查和测试比终产品或预期终端状态的检查更重要。为了说明这一点，我们可以假设有个汽车制造商，只检查生产线上完成的汽车质量而不对其制造过程进行监测。你认为他们可以始终生产高质量的汽车么？显然不能。这个原理在食品生产中也是通用的。为了真正了解食品是否始终如一的安全生产，我们就要进行生产过程而非只有成品的检查。显而易见，这比传统的终端检查需要更多的时间，并且需要对生产流程有一定的了解。如果彻底了解了生产流程，我们就可以通过检查生产过程中的某些关键点或者关键步骤来确保流程被正确遵守和执行。

　　知识的检查——在零售食品安全领域，零售企业的主管和经理要通过监管部门和行业公认的考试，才能成为合格的食品安全专业人员，知识的检测主要是通过认证考试实现的。越来越多的证据表明，由认证过的经理所管理的零售企业更不容易发生食源性疾病（Hedberg et al.，2006 年）。是否有经过食品安全认证的主管是个很好的衡量零售企业知识水平的方法，但并不是唯一途径。知识的评估和测试也可以成为零售食品安全审核或自我检查的一部分。而且考核对象也不必仅限于负责的主管或经理，一线的员工也能参与。举例来说，一家提供全面服务的连锁餐厅对其一线员工进行培训，在遇到顾客咨询任何关于食物过敏的问题时，一定要通知主管或经理。那么在零售食品安全审核过程中，一线员工就可能被问到，在遇到顾客告知你他们有食物过敏时，你该怎么办？对员工进行知识考核，不仅可以看出他们是否真正记住并掌握了培训内容，也有助于再次强调某些关键知识点。

行为的检查——有人说,我们知道什么是无关紧要的,我们做了什么才是重要的。知识的考核是一回事,而实际上员工有没有按照预期要求和被培训的内容做又是一回事。想要清楚了解的唯一途径就是对特定行为或活动进行检查。行为和活动的检查是困难而且耗时的。但是,如果你想要确信某些行为或活动正在正确实施,那么在明确传达完期望而且提供培训后,就需要不定期地进行观察和检查来判断其是否始终在正确执行。

食品安全的滞后/领先指标

在食品安全领域,专业人员主要依赖对结果的评估(滞后指标),来判断是否在对抗食源性疾病的战斗中取得了进步。例如,如图 7.2 所示,食源性疾病检测数据或手段让我们能够判断历年来由某种病原体引起的疾病发病率(CDC,2006年)。食源性疾病监测是对食源性疾病控制方面成效的终极检验。另一例子是通过对微生物污染基线调查结果的评估判断,食品供应链中某些食源性致病菌的流行程度(USDA,2006 年)。这类关于食物中致病菌的信息和数据让我们了解到,消费者在不同食品类型中接触到的相关食源性致病菌的情况。再与时间结合起来分析,微生物污染基线检测便可用于评估干预策略对降低微生物污染的效果(图 7.3)。

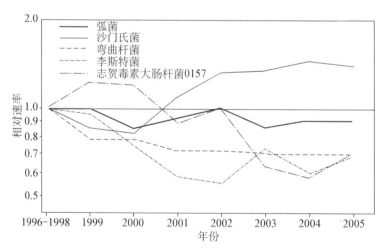

图 7.2 美国诊断食源性感染病例的相对速率(食源性疾病主动监测网络,1996～2005)

产品	基线患病率	大		小		非常小		不确定		所有规格	
		样本	阳性	样本	阳性	样本	阳性	样本	阳性	样本	阳性
肉食鸡	20.0	6 853	14.7%	2 458	18.6%	280	32.9%	1	0.0%	9 592	16.3%
猪肉	8.7	1 410	2.2%	1 750	5.2%	3 488	3.6%	0		6 648	3.7%
母牛/公牛	2.7	229	0.0%	975	1.5%	745	1.5%	0		1 949	1.3%
食用牛	1.0	788	0.0%	552	0.9%	750	0.9%	0		2 090	0.6%
牛肉糜	7.5	544	2.2%	9 070	1.4%	9 751	0.8%	0		19 365	1.1%
鸡肉糜	44.6	0		133	33.1%	12	25.0%	0		145	32.4%
火鸡肉糜	49.9	799	24.8%	86	14.0%	40	12.5%	0		925	23.2%

图 7.3 2005 年,不同类别产品在 HACCP 验证测试程序中沙门氏菌测试呈阳性的百分比

　　尽管基于结果的检测对于观察趋势、确定重点是至关重要且极其有用的,但作为风险管理者,我们知道要减少食源性疾病的发病率或者微生物污染比率,就需要执行有效的食品安全管理体系并改变行为方式(领先指标)。理解这些基于结果的食源性疾病统计或检测,也就是滞后指标,是非常重要的。但光有这些指标是不够的,我们需要同样注重甚至更加注重那些可以降低发病率的生产过程或行为,也就是食品安全的领先指标。要做到这一点,我们需要清楚地了解两种指标之间的关系,并积极主动地建立和管理食品安全领先指标。

　　让我们用减肥这个简单的比喻来说明这一点。一个人是否减肥成功的最终衡量标准是每个星期称得的实际体重,这是一个基于结果的指标,即滞后指标。但为了实现减肥,人们不仅仅需要基于结果的指标,也需要领先指标来帮助他们步入正轨。举例来说,人们可能会计算他们每天的卡路里摄入量,这就是一个领先指标。他们也可能会计算卡路里的消耗量以及投入到锻炼中的时间。说到底,为了成功减肥,人们就需要管理领先指标。毫无疑问这个观点或概念在食品安全领域也是适用的。

　　在一个复杂的食品零售企业里,仅靠单一的领先指标或检查是不足以管控食品安全风险的。相反,我们需要考虑一系列的食品安全检查来管理或改善食品安全状况(如图 7.4)。这些检查包括定性、定量的检测以评估员工在食品安全方面的知识和态度,也包括对诱发食源性疾病的具体行为的特别观察。领先指标包括对关键控制点的 HACCP 检查,确保他们在关键限值以内。也包括内部和监管机构对特定食品安全风险因素的审计结果,这些因素是零售食品业中食源性疾病爆发的重要诱因(FDA 零售食品计划指导委员会,2000 年)。说到底,为了积极主

动地管理食品安全风险和绩效,风险管理者除了需要滞后指标,也需要创建和管理领先指标。

滞后指标   领先指标
食源性疾病监测数据   定性/定量培养调查
微生物污染基线调查   知识考核
食品召回   行为观察
                               HACCP 检测
                               风险因子的审核
                               微生物验证

图 7.4   食品安全的滞后/领先指标(检测)

请记住,目标和检查是基于行为的食品安全管理体系的重要组成部分,但如果不与结果配对出现,就不会带来相应的绩效增长。而这也是创建一个基于行为的食品安全管理体系的下一步。

本章重点

- 所有有意义的进步都起始于简单的目标设定。
- 目标是有效的,因为当设定合理时,它就是理想绩效或行为的有力先行。
- 先行是指发生于某个行为之前,并包含行为后果信息的事物。因此,仅仅只有目标不会带来业绩的提升,除非它始终与后果对应出现。
- 在制定食品安全目标时,要让这些目标可实现、具体、基于风险、可检查。同时,一定要将其记录下来。
- 只有通过全面有效的检查,我们才能知道企业的食品安全状况是在好转、维持原状还是恶化。
- 要利用食品安全检查来发现正确做事的人、进行趋势预测和比较并进行创新。
- 为了评估食品安全状况,我们不仅仅需要检查企业和食品的表面状况,还需检查流程、知识等因素,更重要的是,对行为进行考核。
- 在一个复杂的食品零售企业,单一的检查不足以管控食品安全风险。因此,需要结合领先和滞后指标来评估绩效。
- 为了有效地提高绩效,请谨记食品安全目标和检查方法需要始终与结果成对出现。

 **8** 通过后果来增加或者减少行为
的发生

行为的后果会影响其再次发生的概率。

——B. F. 斯金纳(B. F. Skinner，1904～1990)

　　最终，员工或者个人所了解的食品安全原理或者他们的食品安全理念并不是那么重要。更重要的是他们所做的事情、他们的行为。那么我们要如何帮助他们塑造或者强化正确的食品安全行为呢？我认为最重要的方法之一是恰当地利用后果。没错——就是后果！

　　正如我之前所言，语言的选择以及如何使用都非常重要。所以让我们花点时间来回顾一下"后果"这个词。这个词经常带有负面的含义。大部分人认为后果是负面的或者不好的。其实后果可以是消极的，也可以是积极的。

　　那么什么是后果？韦氏词典（1985 年）中指出，后果是由某一个诱因引起的，或者伴随着一组条件而发生的；对于产生效果的能力具有重要的影响力。

　　为什么后果重要？如果你同意以上韦氏词典的定义，那么后果很重要是因为它们能够增加或者减少某一行为再次发生的可能。人们每天所做的事情其实都是由后果或者潜在后果导致的。的确，一种行为的后果会影响它再次发生的可能性。如果我们做的事情产生的后果是我们所喜欢或者能带来利益的，比如说我们的行为得到了认可或者奖励，那么我们就更有可能会再做一次。如果我们做的事情产生的后果并不是我们所喜欢的或者没有使我们获益，比如说产生了不适，那么我们就不太可能再去做一次。丹尼尔斯（Daniels，1999 年）说，行为后果是随着一种行为而来的事物或者事件，并且会影响这个行为将来再次发生的可能性。

　　如果后果可以增加或者减少行为的发生，那么后果当然也就可以用于提高食品安全绩效。请记住，食品安全绩效是行为的结果。如果企业没有食品安全的改善，那么其中一个原因可能是他们没有有效地运用后果来管理行为。如果企业能够年复一年地达到食品安全特定和客观的目标，并能持续提高食品安全执行情况，那么它很可能已经找到了有效利用后果的方法。那些没有做到的企业则可能是没有正确使用后果。创造和利用有效的后果是食品安全管理体系的下一个步骤。

确定影响绩效的原因

　　上一章中，我提到了先行是在一个行为发生以前的任何事，它也包括关于行为后果的信息。先行为我们尝试一个行为提供了适当的动机。而后果影响行为再次发生的概率。

然而在你开始运用后果来管理食品安全绩效之前，你应该明确为什么没有看到预期的行为或者为什么你看到了不该发生的行为。换句话说，有必要进行全面的需求评估。你应当确定导致绩效问题的原因是*缺乏技能*（员工不知道做什么或者如何去做），还是*低效率的系统*或者工作设置导致难以执行预期行为（错误的设备、错误的劳动工具或者不合理的规划），或是*缺乏动力*（员工只是不想这样做或者不喜欢这样做）。

我总结了绩效问题的三方面原因。

缺乏技能——由于缺乏技能导致的问题可以通过以下途径来解决：确保绩效指标是明确的，员工接受了针对其工作任务和操作的培训和教育。据富尔尼（1999年）报道，为什么员工在工作中没有做他们应该做的事情，管理者给出的理由中，最为常见的是："他们不知道自己应该做什么。"所以要确保员工知道应该做什么并且使其拥有足够的技能来做这项工作。

无效的系统——如果某一特定的结果或者行为没有完成，并且你确信员工有足够的技能，那么在你确定员工缺乏动力之前，你应该先检查系统。工作系统是否设置正确？员工是否拥有可以高效完成工作的工具和设备？工作流程的设计是否容易导致员工偷工减料。例如，如果你发现员工有交叉污染的行为，这个员工既在速食三明治工作车间工作，同时也在协助处理动物蛋白质原材料，在你错误地将之归咎为缺乏动力之前，先问几个关键的问题。这个车间的设计是否考虑到避免交叉污染？员工是否有足够的时间在进行不同的工作之间洗手？他们是否有正确的工作工具来减少潜在的交叉污染？有时预期行为的偏离并非由于缺乏技能或者知识，偏离恰恰是由于一个低效系统所导致的偷工减料。

缺乏动力——预期行为的缺失或者不一致性，以及非预期行为的发生可能是由于缺乏动力。如果员工拥有足够的技能去正确完成任务并且工作系统也设计合理，但是还是发生了不希望发生的行为，他们可能仅仅是因为缺乏动力。在这种情况下，适当地利用后果也许可以帮助管理绩效。请记住，后果的有效运用将影响到预期行为和非预期行为再次发生的可能性。

建立食品安全后果

据行为研究科学家分析，企业可以运用的行为后果一共有四种：正面强化和负面强化是可以增加某种行为再次发生的可能性的两种行为后果；惩罚和罚款是两种减少行为发生的行为后果。

图 8.1　行为正面后果和负面后果的效果

　　为了便于讨论这个问题,我把后果简化为正面的和负面的。正面后果会增加行为再次发生的概率,负面后果通常会减少某种行为发生。有时负面后果被用于维持某种预期行为,该行为由于人们惧怕得到负面后果而得以维系,这被视为十分有效的方法。例如,一个人驾驶时可能选择遵守限速(预期行为),是由于害怕收到超速罚单(负面后果)而不选择超速(非预期行为)。

　　行为研究科学家指出,直接和确定的后果对于行为的影响比推迟的或不确定的后果更加有效。尽管在本书中我们不会花费很多时间讨论这一重要原则,但是你应该意识到这个关键点。为了说明这一点,我想举个例子。如果一个员工知道在油炸锅里炸鱼的时候,如果动作慌忙或者是粗心,他们很可能被油溅到因而被烫伤,那么他们可能就会小心地、不慌不忙按部就班地去操作。这些自然而然产生的负面后果,即在这个例子中被灼伤的可能性,是非常确定和立竿见影的。相反,如果后果是不确定的,它可能就不太会影响行为。

　　最后,请注意后果分为自然产生的和管理产生的。上面的例子中,员工如果很匆忙,不按照程序来做的话就可能烫伤自己,这就是一种自然产生的后果。管理产生的后果不会自然地发生。它们只在管理者促使它们发生的时候才发生。它们需要管理层长期的观察、承诺和行动。例如,当员工完成了某一个特定的目标任务,或者是执行了某一特定行为,管理者会奖励并且感谢他们,这是一种有意制造的正面后果。

　　总而言之,企业有两种重要的方法来提高其食品安全绩效。一是开发和使用正面的食品安全后果,另一个是制造和使用负面后果。如果你的企业没有使用正面后果来增强食品安全的明确战略,也没有对负面后果的明文规定,那么我认为你并没有发挥和运用后果的最大潜能。

正面后果

正面后果可以自然发生,也可以人为制造。通常自然发生的正面食品安全后果并不明显,相反地,遵守适当的食品安全要求可能会负面地影响执行者和员工。尽管员工可能了解遵循适当的食品安全程序或者行为最终会让客户受益,因为这样做减少了食源性疾病的风险(正面后果),但是对工人的直接后果可能并不那么明显。实际上,对于工人而言,他们可能把遵守正确的程序或者执行正确的行为当作是一种惩罚,因为这样会耗费他们更多的时间或者精力。在这些情况下,企业领导者指出并帮助员工领会这种自然产生的正面后果,同时也要制造更多的正面后果来管理食品安全绩效、增加预期行为能够持续发生的概率。

再次重申,由管理产生的正面后果不会自然地发生。而我相信,这些由管理产生的食品安全正面后果,恰恰是显著提高员工食品安全绩效所必需的。从历史上看,作为专业人员,我相信食品安全专业人士太过于强调制造负面后果来改善不甚理想的食品安全绩效。例如,多年来食品安全专业人士在提交给高层管理者的检查报告中,一直强调违规行为。监管机构会利用警告甚至罚款来警示企业。监管机构通常利用企业对罚款或者惩罚的担忧,来敦促其遵守法规。然而,如果食品安全专家过度依赖负面后果,则表明他们还没有真正理解如何运用后果来驾驭行为表现。想想看,员工对惩罚或者得到负面后果的担忧并不会激发他们充分发挥潜力,使他们表现到最好。而一个充斥着对负面后果恐惧的地方,称不上良好的工作环境。当然,尽管负面后果在管理食品安全绩效上有一定的地位,但是它并不是唯一可以使用的后果。

尽管有些人说必须把握正面后果和负面后果间或者正面和负面的强化之间的平衡,其实真的没有神奇的比例。与其关注精确的比例,不如记住关键的一点:研究一再表明,总体而言强调正面后果多于负面后果会增强执行力和结果。例如,那些按照 4∶1 甚至更高的比例使用正面强化多于负面强化的教师能够使学生在课堂中有更好的表现和纪律(Madsen,1974 年)。还有其他研究也论证了同样的原理。为了增强执行力和结果,正面后果或者强化的使用频率应当远远超过负面后果的使用。

除了提高个人绩效,正面后果——通常也被称为强化或者认可,还可以提高商业成果底线。Jackson 企业进行的研究表明,能够有效管理正面后果和正面强化的公司有更高的股本回报率(一种衡量盈利能力、资产管理和财务杠杆的指标),更高的资产回报率(财政年度的资产除以总资产),和更高的运营利润率(Gostick & Elton,2007 年)。基于这些调查结果,你是不是也认为那些有效地管理食品安全正面后果的公司要比没这样做的公司运营得更好呢? 其他领域的研究表明的确如此。

在开始运用正面后果来加强食品安全绩效之前,企业或者公司应当自问两个基本的问题。第一,企业应当积极地强化什么?你可以从已经监测的事情开始。记住你应该已经在使用领先或者滞后指标来管理食品安全绩效了。这会是个良好的开始,因为你已经开始重视这些问题了。第二,你要问自己,公司应该考虑什么类型的正面后果或者正面强化。

企业可能用到的加强食品安全绩效的潜在正面后果,尽管不能详尽的罗列,但是请让我以分层的方式,对公司需强化的事情、所使用的正面后果或者正面强化,做一个简短的归纳。

特定的预期行为——请记住,我们知道的并不重要,我们怎么做才重要。如果你希望确保某些行为和活动正常进行,那么你就应该确保经常观察和强化它们。通常这种方式被认为是现场的、具体化的、非正式的强化。最理想的是,这种强化应当足够频繁、针对预期行为,近距离观察行为本身之后立刻给予强化。正面强化的类型多种多样,也包括简单的一句口头"谢谢"。不要小看了"谢谢"在工作中的力量。大部分员工真心希望得到经理或者领导者言语上的认可。其他类型的正面强化还包括更正式的感谢卡——例如食品安全认证卡片、食品安全胸针,或者小礼品券等等。切记,正面后果和对出色工作表现的认可一定要与对仅仅达到要求的认可有所区别。总而言之,为了某一特定的预期行为创造正面后果或者负面强化会导致更多的该行为,这也是你与其他员工之间的一种交流,表达你作为企业领导者对于该行为价值的认可。

过程或者条件——当你考虑需要强化的事情或者制造正面后果的事情类型时,你可能要考虑那些超过最低标准要求的流程和条件。举例来说,如果餐饮厨房反复地进行 HACCP 检查,哪怕在人手短缺和非常忙碌的时候也进行,这也许是值得认可的,尤其当 HACCP 检查仍然会发现一些需要改进的地方。另外一个例子是,如果你走进一个企业,非常干净,井然有序,并且这个团队明显在生产细节、清洁和卫生方面投入了精力,那么这个团队可能是正面强化或认可的强劲候选团队。虽然观察到出色的设施条件并不属于正式的检查过程,而且有些部分会比较主观,但是它仍然可以积极地被强化,如果这样做,则可能会使这些设施在正式的检查中也保持这种状态,并日复一日的保持下去。在这种情况下,这种正面后果或者强化则可能是适合管理者或这个团队的。正面后果的范围可以从给每个团队成员个性化的贺信或者证书,到为表彰团队在食品安全和卫生方面所做的贡献而举行的庆祝活动。

结果——如前所述,没有检查你就不能提高食品安全绩效,或者进一步减少食源性疾病的风险。对于底线结果的检查,例如风险因子的违规率的降低或者审计总分的提高是企业食品安全越来越好的证明。记住,绩效结果直接与特定行为相关,这些行为是应该强化的。然而你可能仍然想对底线成果或者结果作出认可。例如,你可能想查看你所关注的某种风险因素在审计或者 HACCP 检查中的评分是否逐月、逐年或者随着时间的推移在逐渐提高。设施的位置有明显改善、达到既定目标或目的,或者团队中表现最为出色的人,这些都应该得到认可。正面后果或者认可的形式可以是公司颁奖典礼上的非常正式的表彰,也可以是一些物质激励,如奖金或者与年度绩效挂钩。

    总之,建立和妥善管理预期食品安全行为、过程、结果的正面后果会提高食品安全绩效。正如 Michael LeBoeuf 博士在他的《世界上最伟大的管理原则》(1985年)一书中所说,管理者所获得的并非他们所希望的、培训的、要求的、甚至所命令的,而是他们通过正面后果认可和奖励的那些行为。

负面后果

    在前面的小节中,我们已经讨论了正面后果是如何应用于增加预期行为再次发生的可能。但是有时候某些行为是不受欢迎的,是我们希望不再发生的。在这些情况下,就像正面后果可以用来增加行为发生可能性一样,负面后果可以用来减少非预期行为再次发生的可能性。

    如前所述,当一种行为产生的负面后果是试图减少或者停止该行为,这些后果通常称为惩罚或者处罚。事实上,这两种类型的行为后果在社会上被广泛应用,公共健康和执法官员经常用其来减少不安全、不健康或者违法的行为。例如,当你在超速后收到了一份高额罚款的超速罚单,这是一种想使你慢下来的负面后果,对于犯罪行为的服刑时间也是一种负面后果的威胁。尽管负面后果在短期之内可能对影响行为非常有效,但是很多人质疑它对行为变化真正的、长期的影响。想想前面关于超速的例子,你认为有多少司机在收到超速罚单之后真的能够在很长时间内都不再超速? 大多数情况下,预期行为(在限速范围内行驶)只有在他们担心超速会被抓住的情况下才会发生。换句话说,这种行为改变并不是真正的和持续的改变。

    尽管负面后果经常被应用于食品安全领域,但是你应当小心和谨慎的运用他们。最理想的情况是,对明知故犯的或者有意为之的不安全行为的负面后果可以整合到企业已经建立或者存在的纪律或者绩效管理过程中。例如,纪律检查的范围可以从发现不安全行为以后立即进行简单的口头指导,到更正式的书面处分记录,甚至到立刻终止合同,这取决于食品安全违规的严重性。

请记住,研究一再表明,通常多强调正面后果比强调负面后果更能提高绩效。正如前面所讲的,过度依赖负面后果是不会激发员工发挥他们最大潜力的,它没有让人们显示出最好的一面,也不会营造一个非常好的工作环境。尽管负面后果的确在管理食品安全绩效上有一定作用,但是它们不是唯一可以利用的后果。

综上所述,当你考虑后果在食品安全工作中所扮演的角色的时候,你应当记住行为改变是复杂的,而后果只是以行为为基础的复杂的食品安全管理体系中的一小部分。后果的确扮演着重要的角色,但是他们本身并不能导致连贯的和持续的行为改变。

本章重点

- 运用后果是塑造和强化正确的食品安全行为的重要方法之一。
- 后果是随着行为而来的事物或者事件,并且会改变这个行为将来再次发生的可能性。
- 在运用后果来影响行为之前,应先进行全面的需求评估,确定为什么会出现低效率的问题。
- 绩效问题可能是由于缺乏技能,或无效的系统或者工作设置导致难以执行预期行为,或缺乏动力。
- 后果可以用来塑造和影响由于缺乏动力所导致的绩效问题。
- 正面后果是可以增加行为再次发生的概率的后果。
- 负面后果通常会减少某种行为发生,有时负面后果被用于维持某种预期行为,该行为由于人们惧怕得到负面后果而得以维系,这被视为十分有效的方法。
- 直接和确定的后果对于行为的影响比推迟的或不确定的后果更加有效。
- 正面和负面后果可以自然发生,也可以由管理产生。管理产生的正面后果是必需的,他们能够极大地增强员工在食品安全中的表现。
- 为了增强执行力和结果,正面后果或者强化的使用频率应当远远超过负面后果。
- 后果的确是扮演着重要的角色,但是他们本身并不能导致连贯的和持续的行为改变。当后果成为基于行为的食品安全管理综合体系中有的一个有机组成的时候最为有效。

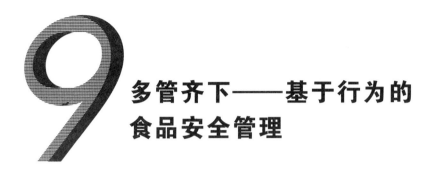

9 多管齐下——基于行为的食品安全管理

高水平管理比高收入更重要。

——葡萄牙谚语

与其他章节一样,我想先回顾两个词,以此作为本章的开始。第一个词是行为。据韦氏词典(1985 年)指出,行为是个人或者群体对所在环境的反应。第二个词是管理,韦氏词典(1985 年)指出,管理是为了实现某种目标而采取的明智的手段和方法 。两者结合起来,行为管理(对我们而言指基于行为的食品安全管理系统)就可以被理解为建立在人类行为科学和企业文化科学基础之上的,被企业用以产出结果的管理方法体系。

切记,如果一个企业想要提高他们的食品安全绩效,就必须充分理解、执行和监管本书中定义的这些管理基本原则,尤其是这些与企业文化和行为相关的重要概念。然而,将管理员工的原则最终转化成有影响力和塑造力的行为,可能看上去很简单,但事实往往非常复杂。更重要的是,它们很少被融入到提高食品安全绩效和管理实践的方法中。

纵观本书(如图 9.1 所示),我想要为大家提供一个与塑造食品安全文化和创造以行为为基础的食品安全管理系统相关的高层次概念模型。想要有效地创造或维护食品安全文化,请记住,拥有系统的思考习惯是很重要的。你必须认识到企业付诸实践的各种努力之间的相互关联,以及所有这些努力将会如何影响人们的思想和行为。

图 9.1 基于行为的食品安全管理体系持续改进模型

管理还是领导?

本书已经花了大量篇幅论述良好管理,如果不在结束之前详细说明一下管理和领导之间的区别就是我的疏忽了。

如前所述,我发现了一个有趣的现象,在当今的食品安全领域,我们常常谈论食品安全管理,却很少谈论食品安全领导。但是管理和领导是不同的,一个管理者的工作是监督和优化组织实现成果的过程,而一个领导者的工作则是改变这个过程,以创造更大的成果。

应该注意到在当今这个商品社会,"管理"常常被认为比"领导"低级。试想一下,当今的大多数商业书目是关于领导力的,公司谈论领导力,政治家强调领导力,无数研讨会和学术会议是以领导力为主题的,然而,我认为这两个词并没有优劣之分,它们只是不同而已。事实上,在食品安全领域,食品安全管理和领导都是必需的,它们无疑对保护公共健康起了关键作用。

想要减少全球食源性疾病的负担,我们需要更好的食品安全管理体系(尤其是基于行为的食品安全管理)和更多的食品安全领导。坦白地说,创造基于行为的食品安全管理系统等于同时创造食品安全管理和食品安全领导,因为这是一个全新的、改良的食品安全绩效管理方法。

作为概括,让我对一些贯穿于本书中、通过比较传统的和基于行为的食品安全管理方法而得出的主要概念做个总结。

传统的食品安全管理方法 VS 基于行为的食品安全管理方法

开始写这本书的时候,我做了件有趣的事情,我用我最喜欢的搜索工具搜索了一下食品安全管理这个词。可想而知,跳出来了无数条结果。我发现大多数网站是与食品安全管理系统、程序和认证相关的,数不胜数。然而,正如本书中提到的,没有一条是与基于行为的食品安全管理相关的。

图 9.2 是本书中提到的传统的食品安全管理方法和基于行为的食品安全管理方法的主要区别。

传统食品安全管理	基于行为的食品安全管理
● 关注加工过程	● 关注加工过程和人员
● 主要是基于食品科学	● 基于食品科学、行为科学和企业文化
● 对行为变化的看法过于简单	● 行为变化是复杂的
● 因果关系的线型思维模式	● 系统的思维模式
● 创造食品安全程序	● 创造食品安全文化

图 9.2　传统食品安全管理和行为食品安全管理的不同

传统的食品安全管理以程序为主,基于行为的食品安全管理以人为本

食品安全管理系统的传统意义通常是指一个包括适当的基础程序、良好作业规范(GMPs)、关键控制点危害分析、召回程序等过程的系统,这是个强调操作程序的系统。别误解,明确的程序和标准的确很重要,但是正如我们在本书中讨论的,仅有这些还不够,基于行为的食品安全管理不但关注程序,还关注人。记住,最终,食品安全等同于行为。想要改变企业的食品安全绩效,就要改变人们的行为。

传统的食品安全管理主要以食品科学为基础，基于行为的食品安全管理以食品科学、行为科学和企业文化的科学知识为基础。

传统食品安全管理关注食品安全、温度控制、环境卫生一系列原理，即食品科学，他们认为管理这些科学原理就可以实现食品安全。基于行为的安全管理者们精通食品科学，但是他们明白只有食品科学是不够的。他们明白想要实现食品安全，不仅需要食品科学，还需要行为科学。因此，他们学习行为改变理论、行为科学以及企业文化原理。

传统的食品安全管理把行为变化看得过分简单，基于行为的食品安全管理认识到行为变化的复杂性。

传统的食品安全管理者过分强调培训和检查，试图以此改变员工的行为而达到目的。仿佛只要培训员工并检查违规程序就可以达到期望的行为改变。然而如斯金纳（1953 年）的精辟总结，行为是一个难题，不是因为它很难理解，而是因为它极其复杂。虽然培训和检查这些活动都很重要，但是基于行为的食品安全管理者意识到这些不足以实现食品安全。在得出过于简单的解决方法之前，他们先理解行为的复杂性；为了得出正确的结论，他们研究和分析影响绩效的因素（缺乏技巧、低效的工作系统、缺乏动力等等）。

传统的食品安全管理以线型的因果关系思维为基础，基于行为的食品安全管理以系统思维为基础。

传统的食品安全管理经常孤立地强调某个食品安全问题和解决方案，而不是作为一个整体或完整的系统来对待。换句话说，它用一种线型思维——因果关系思维来处理食品安全问题。基于行为的食品安全管理认为这种线型思维不能彻底解决与企业的食品安全文化或员工遵守食品安全操作相关的复杂问题。基于行为的食品安全管理明白许多物理的、企业的和个人的因素会影响行为，他们将全盘考虑企业可能会进行的无数活动，以及它们如何联系在一起影响人们的思想和行为。

最后但也很重要的是，传统的食品安全管理以发展一个食品安全计划为主，基于行为的食品安全管理以创造一个食品安全文化为主。

这两者的区别很大，传统的食品安全管理靠权威来实现目标，食品安全管理者们让其他人服从他们或他们的计划，因为他们有控制权，有权让他们遵守规则。基于行为的食品安全管理者同样用一套相互制衡的系统，但是他们的方法不同。例如，他们观察员工与食品安全相关的行为，并根据结果进行反馈和辅导（包括正面的和负面的），提供持续改进的动机。更重要的是，他们提出了一种超越问责制的方法，一种让企业里各级员工做正确的事情的方法，不是因为他们需要对这些事情负责，而是因为他们信任和致力于食品安全，他们创造的是一种食品安全文化。

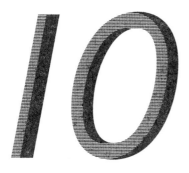 **展望——食品安全未来之我见**

对于未来，我们的任务不是预见，而是实现。

——安东尼·德·圣埃克苏佩里(Antoine de Saint-Exupery, 1900～
1944)，法国作家

大多数书都以总结书中提出的核心思想为结束语，也许这也是结束本书的一种合适的方式。然而，我准备用一种不那么传统的方法写完这本书（也与本书的主题相符），我将把"展望"食品安全的未来作为结束语。

作为一个食品安全专业人员，我认为我们不应该仅仅简单地预言未来或者预期未来可能会带来什么，我认为我们应该更具有前瞻性，我们应该塑造和影响未来，为全世界的消费者供应更安全的食品。

前进之路？

近期（2008 年，译者加）在美国和其他地方爆发了引人注目的食源性疾病，这对建立食品安全控制和管理体系，带来了政治和专业压力。有人说我们需要一个独立的食品安全机构。由此，我想起了公元前 210 年一位希腊哲学家彼特罗尼姆（Petronium）的话，他说："我们企图通过重组来适应新形势，造成有所改善的假象。"没有实际改变的重组只会带来进步的错觉。

有人声称危害分析和关键控制点（HACCP）是解决之道。尽管 HACCP 是正确的方向，但并不是终点。我们都看见也听说了，导致食源性疾病爆发的食品加工厂也声称使用 HACCP。另外，造成美国一些大型的食品召回事件的工厂，也声称自己拥有 HACCP。

不管你认为可以促进食品安全的答案是什么，我认为我们正处于食品行业的决定性时刻，我们正站在一个分水岭上，到底是选择加速食品安全行业进步，还是继续执行传统方法。

尽管我不否认在与食源性疾病的斗争中，我们在大部分食品系统和世界很多地区已经取得了良好的进展，但是对于我们这些迫切想要改进食品安全和保护世界公共健康的人来说，我们想要看到更多的进步。尽管全世界有成千上万的员工在进行食品安全培训，数百万美金花费在全球食品安全研究上，美国内外进行着数不尽的检查和测试，食品安全依然是个重大的公共健康挑战。

产生巨大飞跃

基于这一构想,我想跟你分享一下我认为食品安全产生巨大飞跃所需的四个关键成功因素。

1. 想要实现食品安全的飞跃,我们需要创造力和创新。

创新的简单定义是推出新的东西。对食品安全来说,创新可以是一种新的或强化的食品安全措施,一种食品安全新产品,或是一种食品生产新技术。说到底,创造力和创新可以带来改变,改变可以大幅降低食源性疾病的风险。简言之,没有改变就不可能改进食品安全。

2. 想要实现食品安全的飞跃,我们需要领导力。

如前所述,我认为非常有趣的是,在当今的食品安全领域,我们常常谈论食品安全管理,而极少谈论食品安全领导,但是管理和领导是不同的。据斯蒂芬·科维(Stephen Covey,1994 年)所说,"管理存在于系统之内,领导凌驾于系统之上"。食品安全管理着眼于对已有的风险管理系统中的既定程序进行管理,食品安全领导专注于创造和强化能够降低风险的策略、模型和程序。换句话说,食品安全管理者负责系统的计划、指导和细节监督。而食品安全领导者则根据改进的需要,创造引人注目的改变的愿景,激发创新意识,更大程度地降低食源性疾病风险。想要促进食品安全,我们中的一些人要有敢为人先的精神,要成为示范的先驱。

3. 想要实现食品安全的飞跃,我们需要更多的研究。

毫无疑问,想要解决当今的食品安全问题,我们应该不断地学习,做更多的研究。在这个快速发展的时代,新的科学事实正以空前的速度被发现,作为一个食品安全专业人员,你还要守着被最新科学研究成果推翻的旧理论吗? Dee Hock 的这句话很好地说明了这一点,他说:"问题绝不是如何创新思想,而是如何清除旧观念。每个人的大脑都像储藏了很多陈旧家具的房间,你需要把旧的想法和知识清空,才可以确保装下新的东西。"同样,我们需要用一种有效和可靠的方式,更好地把实验室的研究应用到现实问题中。我们也需要从其他学科中学习,例如医学、信息技术和生物技术等领域。我相信未来解决食品安全问题的方法肯定不只是从食品安全领域获得的。

4. 想要实现食品安全的飞跃,我们需要更好地合作。

切记,我们从田头到餐桌获得食物的过程,由于与许多行业和个人相互关联,已经越来越复杂。如今,食品安全越发成为全社会一个共同的责任。监管部门、学术机构、消费者以及行业专家必须意识到只有我们联合起来才可以更有效地提高食品安全。

未来

在过去几年里,作为国际食物保护协会执行董事会的成员之一,我有幸认识了许多来自美国和世界各地的食品安全专业人员。也是因为这个原因,我始终相信食品安全的未来非常光明。这是历史上前所未有的时代,我们可以通过创新、领导、研究和合作来促进食品安全。

同事们,朋友们,让我们共同努力,创造一个不同的、先进的食品安全世界,创造一个全球化的食品安全文化!

感谢阅读。

参考文献

Andreasen, A. R. Marketing social change: Changing behavior to promote health, social development, and the environment [M]. San Francisco, California: Jossey-Bass Publishers, 1995.

Baranowski, T. , Perry, C. L. , & Parcel, G. How individuals, environments, and health behaviors interact: Social cognitive theory. In K. Glanz, F. M. Lewis, & B. K. Rimer, (Eds.), Health behavior and health education: Theory, research and practice (3rd ed. , pp. 246 - 279) [M]. San Francisco, CA: Jossey-Bass, 2002.

Bryan, F. L. , Guzewich, J. J. , & Todd, E. C. D. Surveillance of food borne disease I: Purposes and types of surveillance systems and networks [J]. Journal of Food Protection, 1997,60,555 - 566.

CDC. Preliminary foodnet data on the incidence of infection with pathogens transmitted commonly through food - 10 States, United States, 2005 [R], MMWR, 55 (14), 392 - 395,2006.

CDC. Preliminary foodnet data on the incidence of infection with pathogens transmitted commonly through food - 10 States, United States, 2006 [R], MMWR, 56 (14), 336 - 339, 2007.

Cialdini, R. B. Influence: The psychology of persuasion. Revised Edition [M]. New York: William Morrow and Company, Inc, 1993.

Cliver, D. O. Foodborne diseases [M]. San Diego, California: Academic Press, Inc, 1990.

Columbia Accident Investigation Board. Columbia accident investigation report [R]. Washington, D. C. : Government Printing Office, 1990.

Coreil, J. , Bryant, C. A. , & Henderson, J. N. Social and behavioral foundations of public health [M]. Thousand Oaks, California: Sage Publications, Inc, 2001.

Covey, S. A. , Merrill, R. , & Merrill, R. R. First things first: To live, to love, to learn, to leave a legacy [M]. New York: Simon and Schuster, 1994.

Daniels, A. C. Bringing out the best in people: How to apply the astonishing power of positive reinforcement [M]. New York, NY: McGraw-Hill, 1999.

Daniels, A. C. , & Daniels, J. E. Performance management: Changing behaviors that drives organizational effectiveness (4th ed.) [M]. Atlanta, GA: Aubrey Daniels International,

Inc, 2004.

Ebbin, R. Americans' dining-out habits [J]. Restaurants USA, 2001,20,38 - 40.

Food and Drug Administration. Food code [R]. Springfield, Virginia: National Technical Information Services, 2001.

FDA Retail Food Program Steering Committee. Report of the FDA Retail Food Program Database of Foodborne Illness Risk Factors [R/OL]. 2000. http://www. cfsan. fda. gov/~ acrobat/retrsk. pdf

FDA National Retail Food Team. (2004). FDA Report on the Occurrence of Foodborne Illness Risk Factors in Selected Institutional Foodservice, Restaurant, and Retail Food Store Facility Types. [R/OL], 2004. http://www. cfsan. fda. gov/~ acrobat/ retrsk2. pdf

Fournies, F. F. Why employees don't do what they're supposed to do and what to do about it [M]. Updated Edition. New York: McGraw-Hill, 1999.

Gallup. Gallup study of changing food preparation and eating habits [M]. Princeton, NJ: Gallup, 1999.

Geller, E. S. People-based safety: The source [M]. Virginia Beach, Virginia: Coastal, 2005.

Gostick, A. , & Elton, C. The carrot principle: How the best managers use recognition to engage their people, retain talent, and accelerate performance [M]. New York, NY: Free Press, 2007.

Health and Safety Commission. Third report of the Advisory Committee on the Safety of Nuclear Installations: Organising for Safety [R]. ISBN 0 - 11 - 882104 - 0,1993.

Hedberg, C. W. , Smith, S. J. , Kirkland, E. , Radke, V. , Jones, T. F. , Selman, A. S. , et al. Systematic environmental evaluations to identify food safety differences between outbreak and nonoutbreak restaurants [J]. Journal of Food Protection, 2006,69,2697 - 2702.

Janz, N. K. , Champion, V. L. , & Strecher, V. J. The health belief model [G]//In K. Glanz, F. M. Lewis, & B. K. Rimer, (Eds.), Health behavior and health education: Theory, research, and practice (3rd ed. , pp. 45 - 66). San Francisco, CA: Jossey-Bass, 2002.

Jones, T. F. , Pavlin, B. I. , LaFleur, B. J. , Ingram, L. A. , & Schaffner, W. Restaurant inspection scores and food borne diseases [J]. Emerging Infectious Diseases, 2004,10,668 - 692.

LeBoeuf, M. The greatest management principle in the world [M]. New York: Putnam, 1985.

Leeds, D. The 7 powers of questions: Secrets to successful communication in life and at work [M]. New York: Penguin Putnam, Inc, 2000.

Madesen, C. H. , Jr. , & Madsen, C. R. Teaching and discipline: Behavior principles toward a positive approach [M]. Boston: Allyn & Bacon, 1974.

Maxwell, J. C. The 21 irrefutable laws of leadership: Follow them and people will follow you [M]. Nashville, Tennessee: Thomas Nelson, Inc, 1998.

Mead, P. S. , Slutsker, L. , Dietz, V. , et al. Food-related illness and death in the United States [J]. Emerging Infectious Diseases, 1999,5,607 - 625.

Montano, D. E. , & Kasprzyk, D. The theory of reasoned action and the theory of planned behavior [G]//In K. Glanz, F. M. Lewis, & B. K. Rimer (Eds.), Health behavior and health education: Theory, research and practice (3rd ed. , pp. 85 - 112). San Francisco,CA: Jossey-Bass, 2002.

Mullen, L. A. , Cowden, J. M. , Cowden, D. , & Wong, R. An evaluation of the risk assessment method used by environmental health officers when inspecting food businesses [J]. International Journal of Environmental Health Research, 2002,12,255 - 260.

NRA. Industry at a glance. National Restaurant Association [R/OL], 2001. http://www. restaurant. org/research/ind_glance. cfm

NRA. State of the restaurant industry workforce: an overview. National Restaurant Association [R/OL], 2006. http://www. restaurant. org/pdfs/research/work force_overview. pdf

Olsen, S. J. , MacKinon, L. C. , Goulding, J. S. , Bean, N. H. , & Slutsker, L. Surveillance for food borne disease outbreaks - United States. 1993 - 1997 [R], MMWR 49 (SS01), 1 - 51, 2000.

OSHA. Presenting effective presentation with visual aids. Construction OSHA Office of Training and Education [R/OL], 1996. www. osha-slc. gov/doc/outreach training/htmlfiles/traintec. html

OSHA. Training Requirements in OSHA Standards and Training Guidelines [R/OL], 1998. www. osha. gov/Publications/osha2254. pdf.

Prichard, R. D. , Jones, S. D. , & Roth, P. L. Effects of group feedback, goal setting, and incentives on organizational productivity [J]. Journal of Applied Psychology, 1988,73,337 - 358.

Prochaska, J. O. , & DiClemente, C. C. Toward a comprehensive model of change [G]// In W. R. Miller & N. Heather (Eds,), Treating addictive behaviors: Process of change. Applied clinical psychology (pp 3 - 27). New York: Plenum, 1986.

Redmond, E. C. , & Griffith, C. J. (2006). Assessment of consumer food safety education provided by local authorities in the UK [J]. British Food Journal, 2006,108(9), pp 732 - 751.

Schein, E. Organizational Culture and Leadership, 2nd Ed [M]. San Francisco, California: Jossey-Bass, 1992.

Sertkaya, A. , Berlind, A. Lange, R. , & Zink, D. Top ten food safety problems in the United States food processing industry [J]. Food Protection Trends, 2006,26(5),310 - 315.

Skinner, B. F. Science and human behavior [M]. New York: Macmillan, 1953.

Slovic, P. Beyond numbers: A broader perspective on the risk perception and risk communication [G]//In D. G. Mayo & R. D. Hollander (Eds.), Acceptable evidence: Science and values in risk management (pp. 48 - 65). New York: Oxford University Press, 1991.

United States Department of Agriculture. Progress Report on Salmonella Testing of Raw Meat and Poultry Products, 1998 - 2005. [R/OL], 2006. http://www. fsis. usda. gov/science/progress_ report_salmonella_testing/index. asp

United States Department of Agriculture, Economic Research Service. 2006. Food Market

Structures [OL]. http://www. ers. usda. gov/Briefing/FoodMarket Structures/

Whiting, M. A. , & Bennett, C. J. Driving toward "O": Best practices in corporate safety and health [R]. The Conference Board. Research Report R - 1334 - 03 - RR, 2003.

索 引